맛있게 풀어가는

조리과학 실험실습

김성아 · 이인숙 · 민경천 공저

- 완성도 높은 레시피 수록
- 식품가공기능사 실기문제 수록

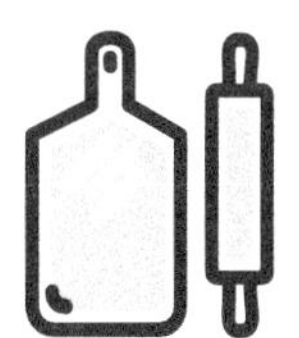

(주)백산출판사

Preface

음식의 첫 번째 목적이 인간의 생명과 존엄성을 지키는 것이라면 그 다음 목적은 맛있는 음식을 통한 소통과 행복의 추구라 할 수 있을 것입니다. 이러한 추구는 오랜 역사 속에서 헤아릴 수 없이 많은 조리법을 탄생시켰으며 하나의 식문화로 자리매김하였습니다.

이렇듯 오랜 세월 진화를 거듭해 인류에게 가장 가까운 친구 같은 존재로 자리잡은 조리는 온오프라인형 도서, 영상, 가상현실형 조리 콘텐츠에 이르기까지 공유방법이 다양화되었습니다. 또한 레시피 공유가 보편화되면서 이제는 나만의 은밀한 비법이나 노하우가 흔치 않을 만큼 조리 정보가 노출되어 있으며 우리는 그 혜택을 제대로 누리는 시대에 살고 있습니다.

조리방법뿐 아니라 영양적 분석도 누구나 쉽게 이해할 수 있도록 잘 풀어서 안내되고 있으며, 조리 속에 있는 과학을 풀어서 이론으로 편찬한 훌륭한 책들로 이어지고 있습니다.

조리과학은 현대인들의 식품과 영양, 조리에 관여된 식(食)의 모든 분야 즉 신체적 · 정신적 · 사회적 측면에서 중요한 학문이라고 할 수 있습니다. 경제의 성장과 더불어 식문화의 사회적 인식이 고도화됨에 따라 식품과 조리 및 영양 분야에서도 이러한 변화에 빠르게 적응해야 할 시기입니다. 특히 식품과 조리(외식) 동향은 진화의 속도가 매우 빠르고 요구(needs)와 욕망(wants)이 점점 더 다양화되고 있으며 특히 건강 지향적 식생활과 재미있는 식생활에 대한 관심이 높고, 이를 영위하고 싶어 합니다.

이러한 동향에 비춰봤을 때 조리과학은 식품을 활용하여 조리를 과학적으로 해석하고 응용하는 학문으로서 식품과 조리, 영양 분야의 전문인을 양성하는 필수 교과목이라 할 수 있습니다. 그러나 직접 조리를 하면서 식재료 속에 들어 있는 어떤 성분으로 인해 묵이 되고 두부가 되며, 치즈가 되고 마요네즈가 되는지, 그 성분을 통해 결과물이 어떻게 달라지는지 배울 수 있고 새로운 제품이나 메뉴 개발에 응용할 수 있도록 이해하기 쉽게 풀어 공유된 자료는 그렇게 많지 않습니다.

이에 본서(本書)에서는 조리과학 기초에서부터 식재료 대표군을 분류하여 특성에 따라 실험 및 조리하여 형태와 맛의 변화 등을 관찰하고 분석할 수 있는 내용을 다뤘습니다. 또한 식재료의 기능적 활용과 영양적 분석 및 과학적 조리방법을 통하여 식재료에 대한 이해와 조리에 과학적으로 접근할 수 있는 학습 내용을 수록하였습니다. 특히 식재료 속 주요 조리과학 키워드를 선정하고 이를 바탕으로 해서 만든 레시피로 직접 조리를 하면서 과정 및 결과물을 통해 익혀 갈 수 있도록 구성하였습니다.

그동안 교재의 집필을 위해 많은 시간을 투자하고 연구하였지만, 부족한 부분이 많으리라 생각합니다. 이러한 부분들에 대한 충고와 조언을 주시면 귀 기울이겠습니다.

본서가 식품과 조리, 영양 분야를 전공하는 모든 분들에게 도움이 되었으면 하는 바람입니다.

교재의 집필을 위해 아낌없는 성원과 격려를 해주신 백산출판사 진욱상 대표님과 관계자분들께 감사드리는 마음 전합니다.

저자 일동

Contents

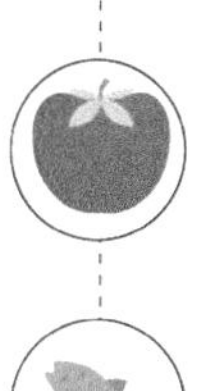

Chapter 1

조리과학의 기초

조리과학의 기초

Ⅰ. 이론

1. 조리과학이란

조리에 사용되는 식재료는 여러 가지 성분과 조직으로 각각 복잡하게 구성되어 있어 조리하는 동안 다양한 변화가 일어난다. 조리과정 중의 변화를 통해 식품은 맛이 좋아지고, 소화·흡수율이 높아진다. 또한 가열과정을 거치며 위생적으로 안전해지고, 건조(乾燥)·당장(糖藏)·염장(鹽藏)·발효(醱酵) 등에 의해 저장성이 높아지기도 한다.

식재료를 세정하거나 건조 또는 썰기 등의 전처리 단계에서도 미생물학적, 물리학적인 변화가 일어나고, 가열이나 발효 또는 효소첨가 등의 조리단계에서는 화학적인 변화가 일어난다. 즉, 엿기름액은 밥알을 삭혀 식혜를 만들고, 콩물에 간수를 섞으면 두부를 만들 수 있으며, 난황과 기름이 만나 마요네즈가 되고, 레몬즙이나 설탕은 머랭(meringue)의 안전성을 높여주기도 한다. 이러한 요소들은 모두 과학의 원리가 포함되므로 조리과정을 통해 만족스러운 결과를 얻기 위해서는 식품의 구조적 특성과 물리적·화학적인 성질을 이해하는 것이 필수적이다. 이런 이해를 바탕으로 일련의 과정 중에 일어나는 다양한 현상들을 과학적으로 연구·분석하고 이를 활용하고자 하는 학문이 조리과학이다.

2. 조리과학의 목적

조리과학은 식품을 조리하는 과정에서 일어나는 여러 가지 현상들을 과학적으로 검토하여 영양성, 기호성, 능률성을 높일 수 있다. 또한 식품에 함유된 영양소를 보존하면서 유해성분을 제거하고, 소화흡수의 향상, 풍미, 질감 증진, 안정성 증가, 저장기간 연장, 기호성을 증진하는 데 목적이 있다.

[그림 1-1] 조리과학의 목적

3. 식품의 목측량과 폐기율

1) 목측량(어림치)

눈대중으로 어림잡아 예측한 식품의 양을 뜻하며, 식사관리 시 식품의 목측량과 실제 중량 간의 오차를 알고 있으면 도움이 된다.

2) 가식부(Edible Portion)

식재료 중 식용이 가능한 부분을 의미하며, 가식량이라고도 한다. 보통 식재료 전체로부터 식용이 불가능한 부분(비가식부)을 뺀다.

3) 폐기율(Refuse Rate)

식품의 전체 부분 중 가식부를 제외하고 완전히 버리는 부분의 비율을 의미한다. 식단 작성 시 식품 구입량을 정확히 산출하기 위해 꼭 고려해야 한다. 예를 들어 조개류는 껍질, 생선은 내장, 육류는 뼈 등의 폐기되는 부분이 많고, 곡류와 채소류는 비교적 폐기율이 적다.

4. 조리의 계량

계량은 조리에 있어 가장 기본적인 단계로 계량에 따라 음식의 맛과 영양가 등이 달라질 수 있다. 표준 레시피와 식품의 낭비를 줄인 조리가 이루어지기 위해서는 올바른 계량기구의 사용과 정확한 계량방법을 익혀야 한다.

1) 계량 단위

(1) 용량(Volume)

용량이란 어떤 용기가 수용할 수 있는 부피, 용적이라 하며, mL, L 등의 단위를 사용한다.

(2) 중량(Weight)

중량이란 물체에 작용하는 중력의 크기로 mg, g, kg 또는 ton의 단위를 사용한다. 물체의 중량은 같은 모양, 크기라도 재질에 따라 중량은 다르다. 물체의 재질에 따라 밀도 또는 비중이 다르기 때문이다. 질량은 물체의 고유한 값으로 변하지 않는 것이고, 무게는 측정하는 장소에 따라 값이 달라진다는 차이점이 있다.

(3) 비중(Specific Gravity)

비중(밀도)이란 아래의 공식과 같이 표준물질의 부피에서 질량을 나눈 값으로 g/㎤, g/mL를 표현한다. 액체의 경우 표준물질로서 보통 4℃의 물(밀도: 1.0g/mL)을 이용한다. 비중이 1보다 큰 물질은 물보다 밀도가 크다는 것을 의미하고, 비중이 1보다 작은 물질은 물보다 밀도가 작다는 것을 의미한다. 단, 기체의 경우 기체는 온도와 압력에 따라 달라진다.

$$\text{비중(밀도)} = \frac{\text{질량}}{\text{부피}}(g/mL)$$

2) 계량방법

(1) 부피 측정

조리작업에서 부피 측정기구는 주로 계량컵과 계량스푼을 사용한다. 영국식 표준 쿼트법에서는 1컵의 표준용량을 240mL로 하고 있으며, 우리나라에서는 200mL로 한다.

〈표 1-1〉 **계량컵, 계량스푼 부피의 관계**

계량 단위		부피	기타
미량(한 꼬집)		pinch	
1작은술(tea spoon, tsp)		5mL	
1큰술(Table Spoon, Tbsp)		15mL	3작은술
1컵(Cup, C)	우리나라	200mL	13.3큰술
	서양	240mL	16큰술

① 액체

액체 시료의 부피는 투명한 기구 계량컵, 메스실린더, 뷰렛, 메스피펫, 메스플라스크를 이용하여 측정한다. 메스실린더에 측정할 경우 평평한 곳에 올려 액체를 담은 뒤 약간 떨어진 거리에서 액체 표면의 가장 아랫부분을 눈과 수평이 되도록 맞추고 눈금을 읽는다.

가. 일반 액체(예; 물, 식초 등)

- 컵을 수평으로 놓고, 눈높이를 액체의 밑면에 일치되게 한 후 눈금을 읽는다.

나. 점도가 있는 액체(예: 꿀, 물엿, 고추장 외)

- 꿀, 물엿 등과 같은 액체는 측정기구에 가득 채운 후 위를 깎아서 측정한다. 또는 1컵, 3/4컵, 1/2컵, 1/4컵 등을 사용해도 좋다.
- 고추장, 된장, 마요네즈, 버터 등은 측정기구에 공간이 없도록 눌러 담은 뒤 위를 깎아내고 측정한다.

② 고체

고체 식품은 계량 용기에 수북이 담아 스패튤라를 이용하여 수평으로 깎아낸 뒤 측정한다. 일반적으로 입자의 크기와 입자 사이에 생기는 공간으로 담는 방법에 따라 오차가 발생하므로 부피보다는 무게로 계량하는 것이 정확하다.

가. 밀가루

- 밀가루는 체에 내린 후 스푼으로 계량컵에 수북이 담고, 스패튤라 등의 직선으로 된 기구를 사용하여 평평하게 깎아서 계량한다.

나. 설탕

- 백설탕, 황설탕은 덩어리를 부순 후 계량컵에 수북이 담아 스패튤라로 수평으로 깎아서 계량하고, 흑설탕은 계량스푼과 계량컵에 꾹꾹 눌러 담아 스패튤라로 평평하게 깎은 후 측정한다.

다. 팥, 콩 등

- 견과류, 채소, 과일 다진 것, 치즈 간 것은 누르지 않고 가볍게 담아 측정하고, 쌀, 팥, 콩 등의 입자가 굵은 것은 계량기구에 가득 담은 후 살짝 흔들고 윗면을 수평으로 깎아서 잰다.

라. 다양한 형태의 물체(사과, 배, 빵 등)

- 물에 녹지 않는 물체의 경우는 해당 물체가 들어갈 수 있는 비커 또는 메스실린더를 이용하여 일정량의 물을 담고 사과, 배 등의 물체를 넣었을 때 늘어나는 물의 부피가 해당 물체의 부피가 된다. 물에 녹는 빵 등의 물체는 비커, 메스실린더에 해당 물체를 넣고 빈 공간을 좁쌀 등의 아주 작은 입자의 알갱이로 물체를 덮을 수 있는 만큼 채운 후 부피를 측정하고 여기에 빵 등의 물체를 빼고 남은 작은 입자의 알갱이 부피를 빼면, 해당 물체의 부피를 확인할 수 있다.

(2) 무게 측정

저울을 이용하여 계량할 때는 평평한 곳에 올려놓고 측정한다. 저울에는 물건을 올려두면 바늘이 움직여 무게를 측정하는 아날로그와 숫자로 나타나는 디지털 방식이 있다. 디지털 저울로 측정할 경우 저울을 켜고(On) 그릇을 올린 후 그릇의 무게를 제외(영점 상태, Tare)한 후 중앙에 식품을 올려놓고, 저울의 숫자가 정지되었을 때 측정값을 읽는다.

TIP

조리에서 계량해야 하는 이유는?

레시피의 성공적인 재현을 위해서는 모든 재료의 정확한 계량이 중요하다. 대부분 무게의 측량이 정확하나 조리환경이나 재료의 종류에 따라 부피로 계량하기도 한다.

〈표 1-2〉 **양념 재료의 부피별 표준 무게**

식품명	식품별 무게(g)			식품명	식품별 무게(g)		
	1tsp	1Tbsp	1C		1tsp	1Tbsp	1C
물	5	15	240	겨잣가루	2.3	7	110
간장	5.5	16.5	264	굵은소금(호렴)	4	12	192
식초	5	15	226	통후추	3	9	140
식용유(대두유)	4.3	13	206	통잣	3	9	146
멸치액젓	6	18	288	잣가루	2.3	7	115
국간장	6	18	288	깨소금	2.3	7	116
청주	5	15	240	흑임자	2.5	8	115.5
참기름	4.5	13.5	215	고추장	7	21	275
들기름	4.4	13.4	215	된장	5.6	17	273
꽃소금	4.2	12.6	200	물엿	7.5	22.5	360
밀가루	3.3	11	130	꿀	7	21	327
백설탕	4.6	14	198	새우젓	6	18	288
황설탕	4.6	14	191	다진 마늘	5	15	240
통깨	2.4	7.3	112	다진 생강	4.1	12.3	197
후춧가루	3.4	10.3	137	다진 대파	4	12	191
고춧가루(김치용)	2.5	8	118	배즙	5.3	15.8	252
고운 고춧가루	3	9	125	생강즙	5.2	15.6	250
녹말가루	3	9	144	양파즙	6	18	288

※ 표준 쿼트법 계량기준: 1C=240mL, 1Tbsp=15mL=3tsp, 1tsp=5mL)

조리과학 실험기기 및 기구

1. 염도계

염도계는 수분에 염분이 함유된 정도를 측정하는 기기로 건강을 위한 저염 식단을 짜거나, 식품의 일정한 염도를 유지하기 위해 이용된다. 일반적으로 조리된 국의 경우는 0~5% 내외, 절임물 등의 농도가 높은 염분을 측정할 경우는 0~50% 내외의 염도계를 사용한다.

2. 당도계

수분에 당 성분이 함유된 정도를 측정하는 기기로, 과일, 주류 등의 당분 함유량의 측정과 당뇨병 환자의 음식을 체크 또는 식품개발, 과실 수확 적기 확인 등에 이용된다. 당도계에는 비중 당도계(용액의 비중을 재는 기기)와 굴절 당도계(빛의 굴절률를 이용하여 당의 함량을 측정한다.

3. pH 측정

표준 산을 사용하여 염기성(알칼리성) 물질의 농도를 결정하기 위해 산-염기를 측정한다.

4. 색도 측정(Color Meter)

물체는 빛에 의해 각막, 홍채, 수정체, 망막, 시신경을 거쳐 뇌에 전달되어 색을 인식한다. Color meter는 색상을 정량화하여 색상의 밝기, 채도 등을 객관적으로 측정하는 방법이다. 색도 측정은 산업, 디자인 및 과학 분야에서 색상 일치성을 유지하거나 품질을 통제하는 데 유용하다. 식품에서는 대표적으로 분광측정법과 헌터측정법을 사용하고 있다. 분광측정법은 물질의 흡수, 반사, 투과 또는 발광과 같은 광학적 특성을 삼차원으로 측정하는 방법이다. 분광측정기인 분광광도계는 다양한 광원과 시야에서 색채값을 산출하는 고정밀도 분석방법이다. 헌터색도(Hunter colorimeter) 측정법은 L, a, b의 척도를 나타내며, L(명도)의 척도는 0~50

수치는 어두운 색이고, 51~100은 밝은색의 수준으로 보고 있다. a(적색도)는 빨간색과 녹색 정도로 (+)는 빨간색, (−) 녹색, b(황색도)는 노란색과 파란색의 척도를 나타내며, (+) 노란색, (−) 파란색에 가깝다고 보고 있다.

5. 물성 측정(Texture Analyzer, Rheometer)

관능적 요소에서 조직감을 평가하는 측정장치이다. 식품의 특성과 식품의 유통기한, 소비자의 평가 및 식품의 가공, 처리 과정에서 식품의 조직감은 영향을 받는다. 물성 측정기기는 물질에 힘이 작용한 결과 기계적 특성에 따른 성질을 분석하는 방법이다. 유체(fluid), 반고체(semisolid) 식품에서는 흐르는 점성(Viscosity), 점조성을 확인할 수 있다. 그리고 고체 및 반고체는 기계적 특성의 조직감 요소인 견고성(Hardness), 응집성(Cohesiveness), 탄성(Springiness), 점착성(Adhesiveness) 등을 분석한다.

〈표 1-3〉 **기계적 조직감의 특성**

Texture	기계적 특성	관능적 평가
Hardness (굳기, 견고성)	일정 변형을 일으키는 데 필요한 힘의 크기	어금니 사이 혹은 혀와 입천장 사이에 놓고 눌렀을 때 드는 힘의 크기
Springiness (탄력성)	물체가 주어진 힘에 의하여 변형되었다가 그 힘이 제거될 때 다시 복귀되는 정도	어금니 사이 혹은 입천장과 혀 사이에 놓고 완전히 깨어지지 않을 정도로 눌렀다가 떼었을 때 복귀되는 속도와 정도에 의한 측정
Cohesiveness (응집성)	어떤 물체를 형성하는 내부 결합력의 크기	직접 감지되기 어려움
Gumminess (검성, 뭉침성)	반고체 식품을 부수는 데 필요한 힘의 크기로 굳기와 응집성에 영향을 받음	반고체 식품을 혀와 입천장 사이에 놓고 비벼보았을 때 부서지기까지 필요한 힘의 크기를 측정(예: 푸석푸석한, 쫀득쫀득한, 껌 같은)
Brittleness (깨짐성)	굳기와 응집성에 영향을 받는 2차 특성	어금니 사이에 놓고 깨어질 때까지 필요한 힘의 크기와 눌리는 정도(예: 아삭아삭, 바삭바삭)
Adhesiveness (점착성, 부착성)	식품의 표면이 접촉부위에 달라붙는 힘을 극복하는 데 필요한 일의 양	혀로 입천장에 눌러 붙인 다음 다시 혀로 떼어내는 데 필요한 힘의 크기
Chewiness (씹힘성)	고체 식품을 삼킬 수 있을 때까지 씹는 데 필요한 일의 양, 굳기, 응집성 및 탄성력에 영향을 받음	일정한 크기의 시료를 일정한 힘과 속도로 삼킬 수 있을 때까지 씹는 횟수를 측정(씹는 횟수가 많을수록 씹히는 성질이 크다고 평가한다. 예: 연한, 쫄깃쫄깃한, 질긴)
Viscosity (점성)	흐름에 대한 저항의 크기	숟가락에 액체 물질을 떠서 입에 대고 빨아들이는 데 필요한 힘의 크기

6. 신속점도계(Rapid Visco Analyzer: RVA)

회전 점도계로서, 온도 및 전달력 조절을 통하여 연속적으로 점도를 기록하는 장치로, 전분류 제품의 호화 및 노화, 겔화의 특성을 측정할 수 있다. 밀가루 및 곡물 품질, 천연 전분, 변성 전분 및 녹말 샘플, 배합 식품(예: 소스, 케첩, 그레이비, 드레싱, 마요네즈, 수프, 유제품), 기타 성분 및 식품(예: 하이드로콜로이드 및 단백질), 조리 및 압출 식품(예: 즉석 식사용 시리얼, 스낵 식품, 애완동물 사료, 생선 사료 및 동물 사료), 용융성 테스트(예: 공정 치즈, 초콜릿 및 제과) 등에 응용될 수 있다.

7. 패리노그래프(Farinograph)

밀가루 반죽을 일정 속도로 늘어나게 할 때 저항력(강도)을 측정하는 실험기구로, 주로 제빵의 특성을 분석하기 위해 사용된다. 밀가루 반죽의 변형과 흐름을 재는 기기로 밀가루에 물을 넣어 최고점이 일정한 점도에 도달하도록 하여 흡수율, 반죽 시간, 반죽의 안정도 따위를 측정한다. 측정 단위는 브라벤더 단위(BU, Brabender Units)이다.

8. 수분함량(Moisture Content) 측정

수분함량 측정에서는 자유수와 결합수를 명확히 구분하기 어려우므로 총체적인 수분함량을 측정한다. 수분의 정량방법에는 건조법, 적외선 순분계, 증류법, 전기적 측정법 등이 있으며, 대체로 건조법을 이용하여 측정한다.

① 건조법: 주로 상압 가열건조법을 사용하며 고온(105~135℃)에서 가열하여 식품의 수분을 건조한 후 건조 전후 중량의 차이를 수분량으로 구한다.

② 증류법 : 휘발성분 또는 비교적 성분이 열에 안정하고, 지질이 많은 식품(대두, 치즈, 어육)을 물과 혼합하지 않고 시료를 가열하면 증기가 추출된다. 이 증기를 냉각시켜 수분을 측정하는 방법이다.

③ 적외선 수분계: 시료 일정량을 적외선으로 가열 건조한 후 건조 전후의 양을 계산하여 구하는 방식으로 정확도가 낮다는 단점이 있다.

④ 전기적 측정법: 식품 내 수분함량을 물리적 또는 화학적 특성에 기반하여 전기전도, 근적외선 등의 다양한 방법으로 측정하는 방법이다. 곡류 등과 같

은 다량의 식품 조사에 이용되며, 가격이 저렴하고, 사용이 간편하나 정확도가 낮은 단점이 있다.

9. 기타

항산화 함량, 아미노산, 유전자(DNA 염기서열, 유전자 게놈), 회분의 함량, 무기질 함량(Ca, Fe, S, P, I 등), 향 성분, 고속 점도 측정(곡류 외 호화 특성 및 점도 측정), 미생물(생균, 사균, 대장균, 살모넬라균, 유산균 등), 기능성 성분(플라보노이드, 페놀산, 사포닌 등), 열량측정기 측정 등 식품 조리를 과학적으로 접근하여 데이터를 객관화하기 위한 실험기기들을 사용하고 있다.

5. 관능검사

사람이 미각, 시각, 후각, 청각, 촉각의 5가지 감각을 이용하여 식품의 특성을 평가하는 방법으로 식품의 외관, 향미 및 조직감을 과학적으로 평가하는 것을 말한다. 즉 사람이 측정기구가 되어 식품의 특성을 평가하는 방법으로 인간의 감각기관에 감지되는 반응을 측정 및 분석하는 과학의 한 분야이다. 관능검사는 제품에 대한 소비자의 기호도 측정과 같은 식품의 관능적 특성 분석에 효과적인 측정도구이다. 식품에서도 과학기술이 발달함에 따라 식품의 특성을 실험기기를 이용하여 물리 화학적으로 정확하게 분석(역학분석)할 수는 있으나, 식품의 외관, 향미, 조직감 등의 오감은 사람을 통해 관능평가를 진행한다. 이러한 관능검사는 신제품 개발, 기존 제품의 품질개선, 원가절감, 품질관리, 소비자의 기호 등을 위해 이용된다.

관능적 평가 품질요소		
겉모양	조직감	향미
시각	촉감, 운동감, 청각	미각, 후각
형태 색채 크기 점조성 외관의 결함	점성 촉감 경도 탄성 응집성 깨짐성 청각	단맛 짠맛 신맛 쓴맛 무미 감칠맛 떫은맛 아로마향 달콤한 향 무향

[그림 1-2] **관능적 품질요소**

1) 관능검사의 활용

① 식품업계에서 제품 개발을 하고자 할 때 원가절감, 기존 제품과 새롭게 개발한 제품의 관능적 차이, 새로운 원료 첨가에 따른 맛의 변화 등을 분석하고자 한다.

② 상품 특성이나 등급, 또는 가격 등을 결정하기 위해 관능검사를 이용한다.

③ 식품 저장에 따른 관능적 품질의 변화를 측정하고자 하는 경우에 시행한다.

④ 마케팅 분야에서 제품 평가 결과를 이용하기 위해 관능검사를 이용한다.

⑤ 판매전략을 수정하기 위해 경쟁사 제품의 관능적 특성을 비교한다.

⑥ 개발된 제품의 시장성을 검토하거나 소비자의 견해를 분석하기 위해 활용된다.

2) 관능검사의 중요성

① 식품의 특성을 분석하고 소비자가 원하는 제품 개발에 중요한 역할을 한다.

② 효율적 제품 개발과 신제품의 실패성을 낮추기 위해서는 관능검사가 필수적이다.

3) 관능검사에 필요한 감각

① 시각(vision): 색과 질감 또는 외형의 인식 및 분석
② 후각(olfaction): 향의 인식 및 분석
③ 미각(gestation, taste): 5가지 맛, 즉 단맛(sweet), 신맛(sour), 짠맛(salty), 쓴맛(bitter), 감칠맛(umami)의 맛 성분들에 대한 인식 및 분석
④ 촉각(touch): 온도(temperature), 통감(spicy), 조직감(texture) 등의 인식 및 분석
⑤ 청각(hearing): 식품이 입안에서 저작 작용에 의해 작은 입자로 쪼개질 때 나는 소리를 인식 및 분석

4) 관능평가 시 갖추어야 하는 자세

① 분석적 또는 합성적 성향
② 객관적 또는 주관적 성향
③ 능동적 또는 수동적 성향
④ 자신감 또는 조심성
⑤ 색에 대한 민감도
⑥ 시각 또는 촉각에 대한 예민성

5) 관능평가 시의 심리적 오차

다음과 같이 심리적 오차가 나타나므로 잘 훈련된 패널을 통해 오차 범위가 적은 관능검사 결과를 얻을 수 있다.

① 중앙경향오차: 평가자가 중간 정도의 점수를 주는 경향 때문에 생기는 오차
② 순위오차: 시료의 제시 순서나 위치에 따라 일어나는 오차
③ 기대오차: 평가자가 차이가 있을 것으로 기대하여 판단함으로써 생기는 오차
④ 습관오차: 특성의 강도가 아주 완만하게 증가 또는 감소하는 시료들을 계속

평가할 때 이들을 동일한 시료로 느끼게 됨으로써 생기는 오차

⑤ 자극오차: 시료 자체와는 상관없는 요인들이 평가에 영향을 주어 생기는 오차

⑥ 논리적 오차: 평가 내용과 관계없는 사항을 평가자 자신의 논리로 연관있다고 생각하여 생기는 오차

⑦ 후광오차: 시료의 여러 특성을 평가할 때 한 가지 특성이 좋게(또는 나쁘게) 평가되면 다른 특성도 같은 경향으로 평가함으로써 생기는 오차

⑧ 대조오차: 우수한 시료 다음에 평가하는 시료는 심하게 대조가 되어 실제보다 더 나쁘게 평가됨으로써 생기는 오차

⑨ 둔화(또는 적응): 오랫동안 자극이 계속되어 관능적 반응이 약화되는 현상으로 단풍시럽, 맥주의 평가는 둔화가 평가결과에 크게 영향을 미치는 오차(오렌지 주스나 토마토 주스는 둔화 현상이 없어 계속 평가가 가능한 특성을 가지고 있다.)

6) 관능평가 시 고려할 점

관능평가의 목적을 명확히 하고, 평가 목적에 적합한 시료를 준비하고 제시해야 한다. 관능평가의 목적 달성을 위해서는 건강하고 미각, 후각 등이 예민하며 정서적으로 안정되고 검사에 충분한 시간을 할애할 수 있는 적합한 패널을 선정한다.

① 관능평가원(Panel) 구성

가. 훈련된 패널: 실험실에서의 관능평가에 참여하고 식품의 특성 차이의 정도, 관능적 특성의 종류, 묘사 등의 평가를 1회 평가. 참여 인원은 10명 내외로 한다.

나. 소비자패널: 식품에 대한 소비자의 선호도나 기호도 조사에 이용, 무작위로 선발, 1회 평가에 200~500명 정도 참여하도록 한다.

② 패널훈련

관능평가의 목적과 내용 및 필요성을 인식시기고 평기에 대한 관심 또는 흥미를 유발시키도록 한다.

③ 시료

시료용기는 냄새나지 않는 재질(사기, 유리, 스테인리스 스틸 등), 크기, 모양, 색(흰색)으로 통일을 하며, 각 시료는 무작위로 선정한 3자리(난수표)를 부착하고, 각 시료 평가 시 3~4번을 평가할 수 있는 양을 제공하며, 모든 시료의 양과 크기는 일정하게 유지해야 한다. 또한, 제공하는 시료 온도는 일상생활에서 섭취하는 온도(밥 또는 국 : 60~65℃, 아이스크림 -1~-2℃ 등)로 제공하며, 시료에 따라 동반 식품(잼+크래커, 핫도그+케첩 등)을 함께 제공하여 평가하도록 한다.

④ 평가에 미치는 요인 및 유의사항

가. 척도: 시료 간의 특성 강도, 좋아하는 정도 등에 대해 점수를 부여하는 것, 항목 척도, 선척도 등이 있다. 일반적으로 관능평가에서는 5점, 7점 항목 척도를 많이 사용한다. 시료의 수가 척도의 항목 수보다 많거나 같으면 시료 간 점수 차가 모호해질 수 있으므로 주의한다.

나. 시료를 평가할 때 사이사이에 입을 헹구는 절차: 관능평가의 목적, 방법, 시료의 종류에 따라 헹구는 물의 온도, 첨가물의 여부를 결정하도록 한다. 예) 기름기 많은 시료의 평가: 물에 레몬 조각을 띄우고, 떫은 시료는 물에 소량의 젤라틴을 첨가하도록 한다.

다. 시료평가 사이의 시간 간격: 관능평가의 목적, 방법, 시료의 종류에 따라 조절하도록 한다.

7) 관능평가방법

① 차이식별검사

가. 종합적 차이검사: 각 시료 간에 전체적인 차이가 있는지의 여부를 조사하는 방법이다.

나. 단순차이검사: 두 시료 간에 차이가 있는지를 검사하는 방법이다.

다. 3점 검사: 2개는 같고 하나는 다른 3개의 시료를 동시에 제시하고 그중 다른 하나를 알아내는 방법이다.

라. 1-2점검사: 기준시료를 먼저 제시하여 평가하게 한 후 2개의 시료를 제시하여 기준시료와 같은 시료를 알아내는 방법이다.

② 특성차이검사

가. 2점 비교검사: 2개의 시료를 동시에 제시하고 주어진 특성이 더 강한 것을 지적하는 방법이다.

나. 순위법: 주어진 특성에 대하여 강도 또는 기호도에 따라 순위를 결정하는 방법이다.

다. 평점법: 시료에서 감지되는 특성의 정도를 항목 척도나 선척도를 이용하여 나타내는 방법이다.

라. 다시료 비교검사: 기준시료와 여러(대개 4~5개) 시료를 비교하여 점수를 매기는 방법이다.

③ 묘사분석

시료가 지니는 모든 특성을 감지하여 묘사하고 그 강도를 측정하는 방법으로 종합적인 관능적 특성을 규명하는 데 사용하며, 향미 프로필, 텍스처 프로필, 정량적 묘사분석 방법 등이 있다.

④ 기호도검사

소비자를 대상으로 실시하며, 주로 종합적 차이검사와 순위법, 2점 비교법 등을 이용하여 선호도를 확인한다.

관능평가표 샘플

1. 묘사법으로 표현해 주세요.

시료	1) 색상	2) 향	3) 맛
247			
189			
362			
721			
927			
529			

2. 기호도평가표입니다. 7점 척도 표현 정도를 보시고 숫자로 표시하여 주세요.

시료	1) 색상	2) 향	3) 맛	4) 짠 정도 (염도)	5) 씹히는 정도	6) 전체적인 기호도
247						
189						
362						
721						
927						
529						

Ⅱ. 실험실습

[실험 1-1] 계량기구를 사용한 중량과 용량 측정

실험일: 년 월 일

- 실험목적
  - 계량도구의 정확한 사용에 대한 필요성을 이해하고 식품별 정확한 계량기술을 익힌다.
  - 각 재료의 부피별 표준 무게를 비교해 본다.
  - 재료의 종류별 중량과 부피의 상관관계를 알아본다.

계량기구

- key word : 재료 계량방법

- 실험재료 및 기구

실험재료	
가루형	밀가루, 백설탕, 찹쌀가루, 묵가루, 고춧가루, 소금 등(가득 1컵씩)
액상형	간장, 우유, 물엿, 식용유 등(1.2컵씩)
고체형	달걀, 감자, 모닝빵(2개씩)
준비기구	
계량기구	저울, 계량컵, 계량스푼
일반 조리기구	스패튤라, 체, 큰 볼, 작은 볼

- 실험방법/내용_식재료(양념)의 중량 및 용량 측정
  1. 먼저 각 시료명과 목측량을 결과지에 기록한다.
  2. 가루식품, 액상식품은 1C의 무게를 다음과 같이 3회 반복하여 측정한 후, 평균을 낸다.
     1) 밀가루는 체에 친 다음 스푼으로 컵에 가볍게 펴 담는다. 컵은 흔들지 않고 직선인 스패튤라나 유리막대로 컵의 윗면이 수평이 되도록 깎은 다음 중량을 측정한다.

2) 백설탕, 소금은 덩어리가 있으면 부수고 컵에 담은 후 윗면이 수평이 되도록 깎는다.
3) 쌀은 살살 퍼 담아서 수평이 되도록 깎는다.
4) 흑설탕은 덩어리가 있으면 깨뜨린 후 컵을 거꾸로 하여 쏟았을 때 흑설탕이 컵 모양대로 남아 있도록 잘 눌러 담는다.
5) 고춧가루, 후춧가루는 가볍게 섞은 다음 흔들어 담아서 눌리지 않게 스푼으로 컵에 떠 넣고 윗면이 수평이 되도록 한다.
6) 우유, 간장, 식용유와 같은 액체식품은 계량컵의 눈금까지 붓는다.
7) 베이킹파우더는 덩어리가 있으면 깨뜨리고 눌리지 않도록 저은 후 계량스푼을 가루 속에 깊이 넣어 가득 담아내고 윗면이 수평이 되게 깎는다.
8) 버터는 계량스푼에 꼭꼭 눌러 담아 사이가 뜨지 않게 한 다음 유리막대로 수평이 되도록 깎아서 중량을 측정하며, 불에서 녹인 후에 측정하기도 한다.
9) 각 식품들은 먼저 목측량을 적고 실제의 중량을 3회 계량하여 매회 중량을 측정한다.

3. 고체식품은 채종법, 침강법을 이용하여 부피를 3회 반복하여 측정한 후 평균을 낸다.

※ 채종법: 밀가루 반죽, 부풀어 오른 빵, 스낵류의 과자, 찐빵, 떡 등과 같이 조직이 불균형하거나 흡수율이 커서 물에 적실 수 없는 식품은 종실을 사용하여 부피를 측정하는 방법

※ 침강법: 조직이 치밀한 무, 감자, 달걀 등 부피가 일률적이지 않으나 물에 넣었을 때 부피 변화가 없는 식품의 부피 측정방법

• 실험결과

▷ 식품류의 1컵 분량의 중량(g)

식품 \ 실험횟수	목측량(g)	무게(g)			평균(g)
		1회(g)	2회(g)	3회(g)	

▷ 고체 식품류의 부피(mL)

식품	무게(g)	목측량(mL)	부피(mL)			
			1회(mL)	2회(mL)	3회(mL)	평균(mL)

* 목측량은 중량을 측정하기 전에 눈으로 보아 짐작한 양이다.
* 식품의 중량은 계량 용구에 담은 채 측정하지 말고 다른 용기로 옮겨서 측정한다.
* 계량 용구는 한 번 사용할 때마다 깨끗이 닦아서 쓴다.

- 고찰
  - 한국의 계량단위 기준과 국제적 계량단위 기준에 대하여 고찰한다.
  - 다양한 양념류의 정확한 측정방법을 정리 및 고찰한다.
  - 간장, 참기름, 다진 마늘, 물엿, 고춧가루, 밀가루, 새우젓, 녹말가루 등 양념재료의 부피별 표준 무게를 고찰한다.

[실험 1-2] 식재료의 가식부율 및 폐기율의 측정

실험일:　　년　　월　　일

- 실험목적
  - 조리 준비단계에서 여러 가지 식재료의 폐기되는 양을 측정하여 조리 시 실제 사용되는 가식 부분의 양과 폐기율에 대해 알아본다.

- key word : 가식부율, 폐기율
- 실험재료 및 기구

실험재료
쪽파 300g, 양파(중) 1개, 감자(중) 1개, 달걀 1개, 오징어 1마리, 새우 4마리, 과일류 1~2가지

준비기구	
계량기구	저울, 계량컵, 계량스푼
일반 조리기구	체, 볼, 접시, 칼, 도마, 쟁반, 행주

- 실험방법/내용_식재료의 폐기율 측정
  1. 과일이나 채소 등은 그대로 씻어서 물기를 빼고 중량을 잰 다음에 보통의 방법으로 뿌리를 제거하거나 껍질을 벗겨서 가식부의 중량과 폐기된 부분의 중량을 측정한다.
  2. 어패류 등도 씻어서 물기를 빼고 중량을 잰 다음 머리, 뼈, 내장 또는 껍질 등을 떼어내고 폐기부의 중량을 측정한다.
  3. 달걀은 전 중량을 재고 나서 깨뜨려 달걀 껍질의 중량을 잰 다음 난백과 난황을 나누어서 각각의 중량을 측정하여 전란에 대한 비율을 구한다.

$$\text{폐기율(\%)} = \frac{\text{폐기부분 중량}}{\text{진 중량}} \times 100$$

$$\text{폐기율(\%)} = \frac{\text{전 중량} - \text{가식부 중량}}{\text{전 중량}} \times 100$$

• 실험결과

구분	식품명	분량	목측 폐기율(%)	중량(g)	가식량(g)	폐기율(%)
채소류						
과일류						
알류						
육류 어패류						

• 과정사진

• 고찰

- 폐기율이 중요한 이유에 대해 알아본다.

- 목측량과 실제 측정치 간의 차이를 알아본다.

- 토마토, 수박, 꿀, 식용유, 버터 등 식재료별 수분함량을 고찰해 본다.

♠ 실험재료를 이용한 요리실습_해물파전

해물파전 재료
쪽파 300g, 양파(중) 1개, 감자(중) 1개, 달걀 1개, 오징어 1마리, 새우 4마리 추가재료_ 청양고추(또는 풋고추) 2개, 홍고추 1개, 부침가루 1컵, 식용유 50mL
준비기구
볼, 프라이팬, 뒤집게 등

1. 손질한 쪽파는 3cm 길이로 썰어준다.
2. 감자는 썰어 물 50mL와 함께 넣고 믹서기에 갈아준다.
3. 오징어, 양파는 곱게 채 썰거나 다지고 새우도 굵게 다진다.
4. 고추류는 동그란 모양으로 얇게 송송 썰어준다.
5. 부침가루에 간 감자와 모든 재료를 넣어 혼합한다.(물은 부족 시 보충)
6. 달군 팬에 식용유 두르고 5의 반죽을 펼쳐 양쪽이 모두 노릇하게 되도록 구워 낸다.

[실험 1-3] 5대 기본 맛의 인지도 실험

실험일: 년 월 일

- 실험목적
  - 5대 기본 맛인 짠맛, 쓴맛, 단맛, 신맛, 감칠맛에 대해 익히고 5대 기본 맛의 민감도, 즉 다섯 가지 맛 중 어떤 맛을 구분할 수 있는지 관능검사를 통해 확인해 본다.
  - 또한 맛에 대한 민감도(또는 둔감도) 실험을 통해 개인별 차이점 및 공통점을 비교 분석해 본다.

:https://www.ajinomoto.com/ko/umami/why-is-umami-important-to-us

- key word : 5대 기본 맛

- 실험재료 및 기구

실험재료
마른 표고버섯 5g, 설탕 5g, 소금 5g, 레몬즙 5g(=구연산 1g), 가루커피 5g(=카페인 1g), 물 7L
준비기구
비커 또는 컵, 온도계, 저울, 타이머, 소쿠리, 행주, 키친타월, 일반 조리기구

- 실험내용/방법_ 기본 맛의 인지도 검사
  1. 물, 건표고버섯 우린 물, 설탕, 소금, 레몬주스, 카페인을 다음과 같은 농도로 500mL씩 만든다.

시료	내용	시료	내용
A	물 500g	D	소금 2g + 물 500mL
B	건표고버섯 2g을 물 500mL에 넣고 5분간 약불로 가열하여 우려낸 후 식힌다.	E	카페인 0.5g + 물 500mL
C	설탕 2g + 물 500mL	F	레몬즙 2g + 물 500mL

2. 조별로 시료별 종이컵 6개의 난수표를 이용하여 임의의 3자리 숫자를 각각 쓰고, 시료 용액을 담아 준비한다.
   각 조에서는 개인용 종이컵에 시료별 숫자를 쓴 후에 해당 시료를 조금씩 담아둔다.
3. 2명이 짝이 되어 눈을 가린 한 사람에게 준비한 시료를 조금씩 덜어 맛보게 하고 무슨 맛인지를 말하면 짝이 해당하는 곳에 ○표를 한다. 맹물 맛이면 무미, 무슨 맛인지 모르겠으면 모름에 ○표를 한다.
   물로 입을 헹군 뒤 다음 시료의 맛을 보면서 각각의 맛을 구분한다. 기입이 완료되면 정답과 맞추어 보고 맛을 구분하는지를 확인한다.

• 실험결과

시료 / 맛	A	B	C	D	E	F
무미						
단맛						
짠맛						
신맛						
쓴맛						
감칠맛						
모름						
정답맛						

• 과정사진

•고찰

- 맛의 상호작용에 대하여 고찰한다.

- 다섯 가지 맛이 음식 속에서 어떻게 어우러져 맛을 내는지, 맛의 다양한 조합의 예를 고찰해 본다.

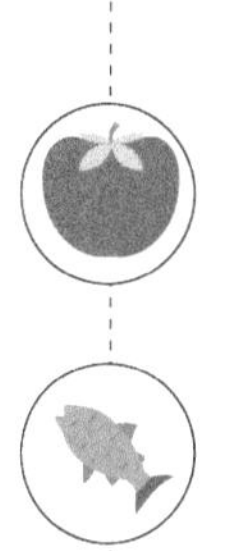

Chapter 2

물

CHAPTER 2 물

Ⅰ. 이론

1. 물의 구조

물의 구조는 H_2O로 두 개의 수소 원자와 한 개의 산소 원자가 결합되어 있다. 이 배열은 전자를 산소 쪽에 밀집되도록 하여 산소는 음저하를, 수소는 양전하를 띠게 되므로 물분자는 양극성을 나타낸다. 따라서 한 물 분자의 산소와 다른 물 분자의 수소 사이에 수소결합으로 단단히 결합되어 있고, 온도에 따라 다른 형태로 존재한다.

2. 물의 특성

식품 내의 물은 유리수(자유수)와 결합수로 존재한다. 일반적으로 우리가 마시거나 조리 시 첨가, 세척 등에 사용하는 물을 유리수(free water)라 하고, 식품 내에서 단순한 물이 아닌 식품을 구성하는 탄수화물, 단백질 등과 결합하여 그 일부를 이루고 있는 상태의 물을 결합수(bound water)라 한다. 유리수는 보통 액체로 존재하며, 100℃에서 끓고 기화되며, 0℃에서 언다. 물의 비중은 4℃에서 1로 최대이고, 얼음에서는 물보다 가벼운 특징을 가지고 있다.

1) 유리수(자유수)

① 식품 내에서 용매로 작용한다.: 용액 또는 고용체를 형성할 때 녹이는 물질(용질)의 매체가 되는 물질을 의미한다. 염류, 당류, 수용성 단백질, 수용성 비타민 등의 가용성 물질을 녹여 용액상태를 이루거나 불용성 물질(전분, 지질 등)을 분산시켜 교질상태로 만든다.
② 비등점과 융점이 높고 증발열이 크다.
③ 표면장력, 비열이 크고, 결합력이 높다.

2) 결합수

① 식품 내에서 용매로 작용하지 않으며, 유동성이 없고, 쉽게 분리되지 않는다.
② 대기 중에서 100℃ 이상으로 가열해도 제거되지 않는다.
③ 0℃ 이하에서는 잘 얼지 않는다.
④ 유리수보다 밀도가 크다.
⑤ 식품조직에 압력을 가해도 쉽게 제거되지 않는다.
⑥ 효소의 활성이나 곰팡이 같은 미생물의 생육에 사용되지 않는다.

3. 식품의 수분함량

물은 식품을 구성하는 성분 중에서 가장 높은 비율을 차지하는 요소이다. 식품 중 물의 함량은 그 식품의 외관, 성질, 맛에 영향을 끼칠 뿐만 아니라, 화학적, 미생물학적 부패의 원인이 되기도 한다. 〈표 2-1〉에서 보듯이 식품에 따라 수분함량의 차이를 보인다.

〈표 2-1〉 **식품별 수분함량**

(가식부 100g 기준)

식품	수분함량(%)	식품	수분함량(%)
토마토	93.9	돼지고기(등심)	71.1
양배추	89.7	소고기(등심)	55.3
양파	92.0	치즈(체다)	49.3

사과	84.8	식빵	34.8
수박	91.1	꿀	13.6
우유	87.4	버터	15.3
감자	81.1	콩기름	0.0
바나나	78.0	쌀	13.0
닭고기	73.1	(중력)밀가루	11.6
달걀	77.1	새우	80.0

출처: 국가표준식품성분표, 제10개정판(농촌진흥청, 국립농업과학원, 2021)

4. 조리과정에서 물의 역할

1) 열의 전달매체

냄비에 물을 넣고 가열하면 열원의 에너지가 냄비를 통하여 물로 전도되고, 가열된 물은 대류에 의해 냄비 안의 모든 물로 골고루 전해진다. 따라서 물과 함께 식품을 가열하면 식품에 열이 고르게 전해져 익게 된다.

2) 용매나 분산매개체

물은 식품 내에서 분산매 또는 용매로서 작용하고, 버터나 마가린과 같은 유화식품에서는 분산질 형태로 존재한다. 또한, 물은 가열 조리의 매체로서 중요하며, 식품이나 조리기구를 씻는 데도 유용하다.

물은 식품 중 물질 등의 용매로써 진용액(true solution), 교질용액(colloidal dispersion), 유화액(emulsion), 부유상태(suspension)를 형성한다.

(1) 진용액(True Solution): 입자의 직경이 1㎛(1nm) 이하인 작은 분자나 이온이 물에 용해된 상태를 뜻한다. 진용액의 조리 시 농도와 온도에 따른 용해도, 확산성, 비점, 빙점, 증가압 등을 고려하여야 한다.

진용액과 조리

- **농도와 온도의 관계**
  - 불포화용액: 용매 안에 더 많은 양의 물질(용질)을 녹일 수 있는 여유 공간이 있는 상태로, 뜨거운 물에 설탕을 넣었을 때 완전히 녹지 않고 남아 있는 상태를 뜻한다.
  - 포화용액: 특정 온도와 압력에 의해 용매(물)에서 어떤 물질(용질)을 최대로 녹여 용질과 용액이 평형을 이룬 상태를 뜻한다(어느 온도에서 설탕이 완전히 녹아 설탕이 최대 농도가 된 상태).
  - 과포화용액: 용액에서 용질이 분리되어 고체로 돌아가려는 성질이 큰 상태의 용액을 뜻한다. 다량의 용질을 물에 넣은 후 가열하여 온도를 높이면 많은 양의 용질이 용해된다. 이 용액을 그대로 식히면 용해될 수 있는 양보다 훨씬 많은 양의 용질이 용해되는데 이때 용액을 건드리면 결정이 생긴다. 이러한 성질은 사탕을 만들 때 이용된다.
- **확산현상**
  - 배추를 소금에 절일 때 처음에 일어나는 현상으로 소금이 외부로부터 배추의 세포벽을 뚫고 세포간질과 세포의 원형질막 사이까지 침투해 배추는 짜지고, 절여지며, 물의 소금 농도가 낮아진다.
- **삼투 현상**
  - 배추를 절일 때 확산이 일어난 후 배추와 물의 소금 농도가 같아지는 현상이다.

(2) 교질용액(Colloidal Dispersion): 분산된 물질의 크기가 진용액보다 큰 형태로 존재한다. 교질용액은 외부의 조건에 따라 안정성을 잃고 침전하게 된다. 이러한 특징을 이용한 것이 두유를 이용한 두부 제조, 우유를 이용한 치즈의 제조 등이다.

교질용액과 조리

- **졸(sol)과 젤(gel)**
  - 졸이란 교질용액 중에서 액체 내에 고정 입자가 균일하게 분산되어 진용액과는 차이가 있고, 기체, 고체도 가능하다. (예: 젤라틴이 뜨거운 물에 분산되어 있는 상태, 도토리가루, 녹두가루의 풀 상태)
  - 젤은 액체와 고체의 중간 사이의 형태로 졸을 식혀 굳어진 상태이다. 젤은 저어주거나 가열하면 젤 구조가 깨져서 다시 졸의 형태로 돌아간다.(예: 족편은 가열에 의해 액화됨. 단 커스터드, 묵은 같은 젤이지만 비가역적 젤이기 때문에 열을 가해도 졸로 돌아가지 않음).
    ※ 젤 중에서 시간이 경과하면 망상구조가 약화되어 일부가 분리되어 액체가 나오는 것을 '이액현상'이라 한다. 이 액체는 순수한 물이 아니고 미량의 분산상을 함유하고 있다.

- **흡착성(adsorption)**
  - 짠 국물에 교질용액인 난백을 풀어 가열하면서 저으면 응고하며 침전할 때 국에 함께 들어있던 소금이 흡착되어 난백은 짜지고, 국물은 싱거워진다.

- **점성(viscosity)과 가소성(plasticity)**
  - 점성은 흐름에 대한 저항으로 농도가 높을수록 증가하고, 온도가 높을수록 감소한다.
  - 가소성은 특별한 힘을 가해야 비로소 흐르기 시작하는 상태로, 쇼트닝, 전분의 풀 등을 가소성이 있는 식품이라 한다.

(3) 유화액(Emulsion): 식품에서 물과 다른 형태의 분산으로 유화액이 있다. 유화액에는 수중유적형(oil in water), 유중수적형(water in oil)이 있다. 식품 중에서 수중유적형은 지방이 유화형태로 분산되어 있으며, 마요네즈, 크림, 균질유 등이 해당된다. 유중수적형은 분산매가 기름이고 분산상은 물로 식품으로는 버터, 마가린 등이 해당된다.

(4) 부유상태(Suspension): 부유상태는 분산되어 있는 물질이 물에 용해되지 않고, 교질상태로도 분산되어 있지 않은 형태로 찬물에 밀가루나 전분을 풀어 놓았을 때 일어난다.

(5) 기타: 식품 재료의 세정, 건조식품의 수분 부여, 맛 성분의 침투 등이 있다.

Ⅱ. 실험실습

[실험 2-1] 수분흡수에 의한 곡류 및 콩류의 무게 변화

실험일:　　　년　　월　　일

• 실험목적

- 콩류, 곡류 등의 건조 재료를 적정 시간 불리는 작업은 효율적 조리를 위해 필요한 과정이나 종류별 불리는 시간은 다르다. 본 실험에서는 침지 시간의 경과에 따라 흡수되는 수분량의 차이와 종류별 함량 즉 최대흡수 시점을 알아본다. 또한 시료별 최대흡수율에서의 무게 변화는 어느 정도인지 실험을 통해 확인해 본다.

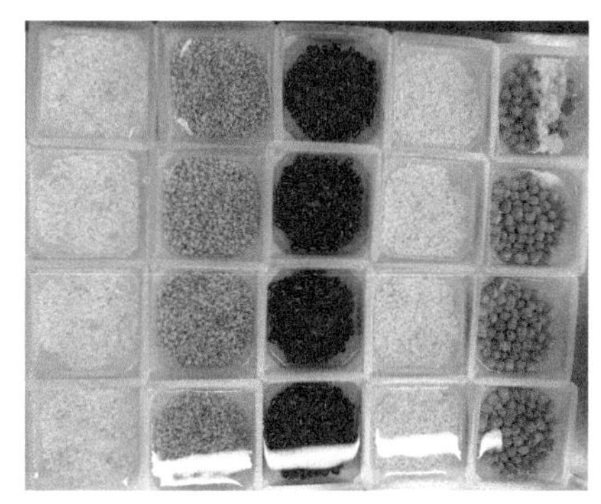

곡류/콩류의 수분흡수

• key word : 최대흡수율(항량)

• 실험재료 및 기구

실험재료
멥쌀(A) 100g(20g×5), 찹쌀(B) 100g(20g×5), 현미(C) 100g(20g×5), 병아리콩(D) 100g(20g×5), 팥(E) 100g(20g×5)
준비기구
비커(100mL) 또는 플라스틱컵 20개, 거즈 또는 키친타월, 저울, 체

• 실험내용/방법_곡류별 수분흡수 속도 및 흡수율의 관찰

1. 20개의 1회용 플라스틱컵을 준비하고 멥쌀(A) 20g씩 5개를 담는다. 찹쌀(B), 현미(C), 병아리콩(D), 팥(E)도 멥쌀과 같이 20g×5개씩 준비한다.
2. 냉수(수돗물 온도 기준)를 50mL씩 20개 준비하고 정확한 수온을 측정한다.
3. 각 시료(A, B, C, D, E) 5개씩에 2의 냉수를 각각 부어 침지 후 시간을 측정한다.

4. 시료를 각각 정해진 시간 동안(10분, 20분, 30분, 50분, 70분) 침지했다가 꺼내 거즈나 키친타월로 수분을 꼼꼼히 제거하고 무게를 측정한다.
5. 측정한 무게로 각 시간마다 흡수율(%)을 계산한다.(침지 전과 침지 후의 무게 차이로) 흡수량이 항량(수분 흡수 한계량)이 되면 더 측정하지 않아도 된다.

$$흡수율\ (\%) = \frac{침지\ 후\ 무게(g) - 침지\ 전\ 무게(g)}{침지\ 전\ 무게(g)} \times 100$$

6. 실험결과지를 작성하고 고찰을 검토한다.

• 과정사진

• 실험결과

- 수분흡수에 의한 무게 변화

(수온: ℃)

		멥쌀	찹쌀	현미	병아리콩	팥
침지 전	무게(g)	20	20	20	20	20
시료A) 10분	무게(g)					
	흡수율(%)					
시료B) 20분	무게(g)					
	흡수율(%)					
시료C) 30분	무게(g)					
	흡수율(%)					
시료D) 50분	무게(g)					
	흡수율(%)					
시료E) 70분	무게(g)					
	흡수율(%)					

- 곡류, 콩류의 수분 흡수율

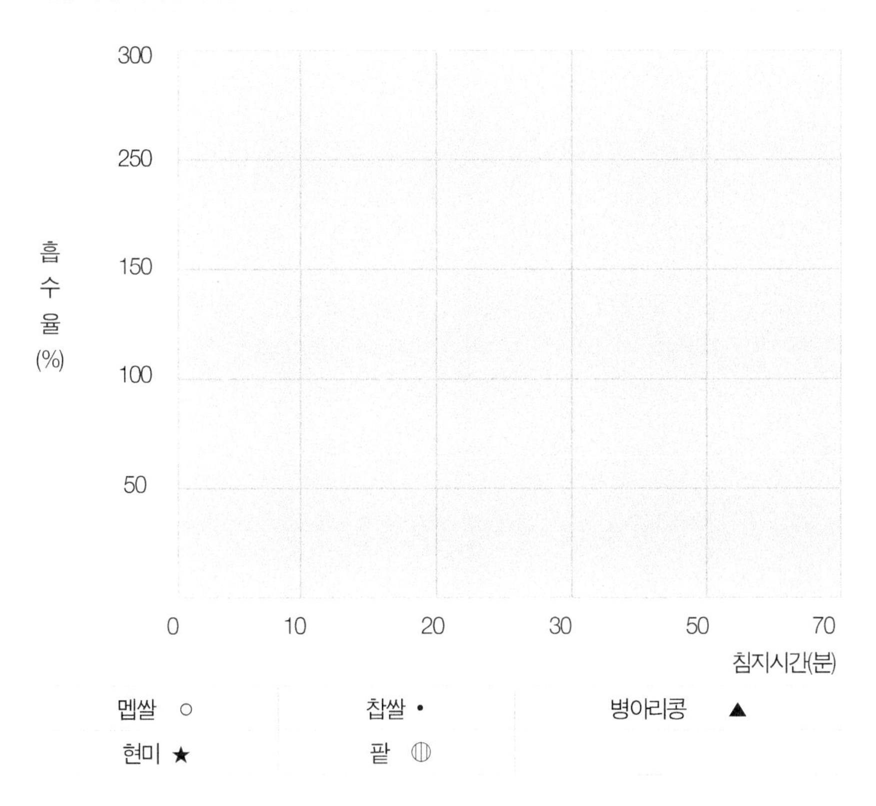

• 고찰

- 콩류, 곡류 등의 건조재료를 물에 불려 조리하는 이유를 알아본다.
- 시료별 흡수율이 가장 왕성한 시간대를 확인해 본다.
- 시료의 종류별 항량 시점 즉 최대흡수율에 도달하는 시간을 고찰해 본다.

♠ 실험재료를 이용한 요리실습_흑미주먹밥(참치마요맛/달걀햄맛)

주먹밥 재료(2인분 기준)
• 공통재료 : 멥쌀, 찹쌀, 현미 각 50g, 병아리콩 40g, 김가루 1컵, 소금 · 참기름 · 깨 약간씩 • 달걀주먹밥 재료: 달걀 2개, 햄 50g, 식용유 적량 • 참치주먹밥 재료 : 참치캔 1개(소), 마요네즈 30g
준비기구
냄비, 볼, 프라이팬, 뒤집개, 주걱, 기타 일반 조리도구 등

1. 불린 곡류를 혼합하고 물 부피로 1.2배 부어 밥을 한다.
2. 참치는 체에 밭쳐 기름을 빼고 마요네즈를 섞어준다.
3. 햄은 굵게 다져 기름에 볶다가 달걀 넣어 스크램블하면서 소금 간을 한다.
4. 밥에 소금, 참기름, 깨 넣고 양념한 후 밥을 넓게 펼쳐 참치마요 또는 달걀햄 넣고 둥글게 모양낸다.
5. 김가루를 쟁반에 펼쳐둔 후 주먹밥을 굴려 꾹꾹 눌러 완성한다.

[실험 2-2] 침수시간에 따른 건조식품의 흡수율

실험일: 년 월 일

• 실험목적

- 건조식품의 침수시간 경과에 따른 흡수 속도와 흡수율을 비교해 본다. 이를 통해 건조식품별 적정 침수시간과 담그기의 필요성을 익힌다.

건조식품 흡수율

• key word : 건조식품 침수시간

• 실험재료 및 기구

실험재료
마른 미역 35g(7g×5), 마른 표고 약 35g(7g×5), 마른 고사리 35g(7g×5), 마른 궁채 35g(7g×5)

준비기구	
계량기구	비커 또는 컵, 온도계, 저울, 타이머
일반 조리기구	1회용 컵 또는 웨잉디쉬 20개, 볼, 체, 행주, 키친타월

• 실험내용/방법_건조재료의 시간별 흡수율 관찰

1. 마른 미역과 마른 고사리는 각각 7g씩 중량을 정확히 측정한 후 5개의 컵에 각각 넣고 100mL의 물에 담근다(물의 양은 동일하게 가감 가능). 이때 담근 물의 중량과 수온도 함께 측정한다.
2. 5, 10, 15, 30, 60분 후에 각각의 비커 속에 들어 있는 미역, 고사리, 표고를 건져 표면에 묻은 수분을 완전히 제거한 후 중량을 측정하여 흡수량과 흡수율을 계산한다.

$$흡수량(g) = 침지\ 후\ 시료의\ 무게 - 침지\ 전\ 시료의\ 무게$$

$$흡수율(\%) = \frac{침지\ 후\ 무게(g) - 침지\ 전\ 무게(g)}{침지\ 전\ 무게(g)} \times 100$$

• 과정사진

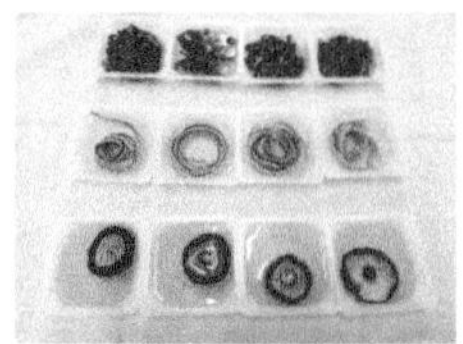

• 실험결과

(수온: ℃)

항목	침수시간	5분	10분	15분	30분	60분
건미역	침수 전의 중량(g)					
	침수 후 중량(g)					
	처음 첨가한 물의 양(g)					
	흡수량(g)					
	흡수율(%)					
건고사리	침수 전의 중량(g)					
	침수 후 중량(g)					
	처음 첨가한 물의 양(g)					
	흡수량(g)					
	흡수율(%)					
건표고	침수 전의 중량(g)					
	침수 후 중량(g)					
	처음 첨가한 물의 양(g)					
	흡수량(g)					
	흡수율(%)					
건궁채	침수 전의 중량(g)					
	침수 후 중량(g)					
	처음 첨가한 물의 양(g)					
	흡수량(g)					
	흡수율(%)					

• 고찰

- 건조식품을 사용하기 전의 기본 조리 조작법인 담그기 과정이 필요한 이유에 대해 알아본다.

- 건조식품의 종류별 담그는(침수) 시간이 다른 이유에 대해 고찰한다.

♠ 실험재료를 이용한 요리실습_미역국, 궁채무침

▷ 미역국

미역국 재료(2인분 기준)
불린 미역 200g, 참기름 3큰술, 다진 마늘 1큰술, 멸치액젓 1.5큰술, 소금 적량(1/2큰술 내외)
준비기구
계량컵, 계량스푼, 냄비, 볼, 주걱, 칼, 도마 등

1. 불린 미역을 먹기 좋게 잘라 멸치액젓, 참기름 1큰술씩 넣고 조몰락거린다.
2. 냄비에 참기름 2큰술 넣고 미역 넣어 참기름이 스며들도록 중불에서 충분히 볶아준다.
3. 물 붓고 끓이면서 마늘, 소금 간을 한다.

▷ 궁채무침

궁채무침 재료(2인분 기준)
불린 궁채 150g, 다진 마늘 1작은술, 홍고추 1/2개, 쪽파 5뿌리, 들기름 1큰술, 액젓 2작은술, 거피 들깻가루 2큰술, 식용유 1큰술
준비기구
냄비, 볼, 주걱, 칼, 도마, 수저, 접시, 행주 등

1. 궁채는 먹기 좋은 크기로 썰고 홍고추는 채, 쪽파는 3cm로 썬다.
2. 궁채를 들기름, 마늘, 액젓 넣고 조몰락거린 후 식용유에 볶는다.
3. 볶은 궁채에 물 1/2컵, 들깻가루 넣고 끓으면 국물이 없어질 때까지 저어가며 조린다.
4. 국물이 조금 남았을 때 고추, 쪽파 넣고 1분 정도 후에 불을 끈다.

[실험 2-3] 식염 농도에 따른 채소의 방수량과 질감

실험일: 년 월 일

• 실험목적

- 조미란 식품 고유의 맛에 부족한 맛이나 향을 첨가하여 맛과 질감을 개선시키는 역할을 한다.
- 배추 등의 채소류를 높은 농도의 소금물에 담가두면 삼투압 현상으로 인해 세포 내 액포의 수분함량이 감소하고 텍스처 등에 영향을 준다.
- 식염 농도에 따른 채소의 방수량과 텍스처에 미치는 영향 연구를 통해 조미원리를 함께 이해한다.

방수량

• key word : 삼투압 현상

• 실험재료 및 기구

실험재료
무 500g, 식염 각 1g, 2g, 3g, 4g

준비기구
비커 또는 컵, 온도계, 저울, 커피 필터, 타이머, 소쿠리, 행주, 키친타월, 일반 조리기구

• 실험내용/방법_소금 농도별 절임무의 특성 관찰

1. 무 썰기_무는 약간 도톰한 나박썰기(1.5×1.5×0.5cm) 후 100g씩 4개의 그룹으로 나눈다.
2. 염지_준비한 4개 그룹에 각각 재료 중량의 1%, 2%, 3%, 4% 식염을 넣어 동일한 횟수로 섞은 다음 깔때기에 넣는다. (또는 커피필터 2장 무게와 그릇 무게 잰 후 1장의 커피 필터 안에 담는다.)

3. 방수량 측정_20분 후 각 시료의 방수량을 측정한다.(남은 1장의 커피필터로 옮긴 뒤 시료를 가볍게 눌러 수분을 제거한 후 시료의 무게를 측정)
   ▷ 방수량=(탈수된 수분+젖은 필터 무게)−건조필터 무게
4. 시료별 실험결과를 확인 및 고찰한다.

• 과정사진

• 실험결과

▷ 식염 농도에 따른 방수량(g)과 텍스처

시료	시료의 중량(g)	20분 후 방수량(g)	관능평가(질감, 맛 등의 관찰)
A(1%)			
B(2%)			
C(3%)			
D(4%)			

* 각각의 커피 필터, 그릇 무게 미리 잰 후 표기

• 고찰

- 식염 첨가량에 따라 방수량은 어떻게 다른지 실험결과를 고찰한다.

- 삼투압현상을 이용한 한국의 반찬 종류를 고찰한다.

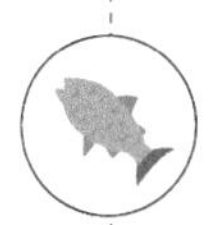

Chapter 3

전분 및 곡류

CHAPTER 3 전분 및 곡류

Ⅰ. 이론

1. 전분의 이해

전분(starch)은 식물체 내에 아밀로플라스트(amyloplaste)에서 일어나는 다양한 효소에 의해 포도당(글루코스)이 구성되는 다당류이다. 전분은 종류, 온도, 기후에 따라 입자 형태와 크기, 모양 등이 독특하고 다양하다. 옥수수나 밀 등의 곡류 종자에서 합성되는 전분은 대체로 작고, 감자, 고구마 등의 뿌리에서 얻어지는 전분은 둥글고 큰 편이다. 그 외 두류 식물에도 전분이 있으며, 입자 형태는 타원형, 콩팥형 등이 있다. 전분은 식물의 대표적인 저장 탄수화물로서, 포도당으로 구성된 고분자물질이다. 전분의 종류에 따라 직쇄상의 아밀로스와 가지상의 아밀로펙틴 분자로 다른 비율로 구성되어 있다. 아밀로오스와 아밀로펙틴의 차이는 〈표 3-1〉과 같다.

1) 전분의 호화

전분입자는 결정 부분과 비결정 부분의 수많은 수소결합으로 빽빽한 미셀 구조를 이룬다. 생전분은 냉수에 녹지 않고 소화효소의 작용을 받지 못하며, 비중이 1.55~1.65로 물보다 크다. 생전분(β -전분)에 물과 열을 가하면 흡수와 팽윤(swelling)하면서 점성과 투명도가 증가하여 반투명의 콜로이드(colloid) 상태가 된다. 이러한 현상을 전분의 호화(α화, gelatinization)라 한다.

〈표 3-1〉 **아밀로오스와 아밀로펙틴의 차이**

구분	아밀로오스	아밀로펙틴
결합	α-1,4 글루코시드결합	α-1,4 글루코시드결합 96% α-1,6 글루코시드결합 4%
구조	직쇄상 구조 6~8개의 글루코오스 단위로 된 나선구조	직쇄상의 기본구조에 글루코오스 20~25개 단위마다 α-1,6결합으로 연결된 짧은 사슬(평균 15~30개의 글루코오스)의 가지가 쳐지는 가지상 구조
평균분자량	100,000~400,000	4,000,000~20,000,000
내포화합물	형성함	형성하지 않음
청색값	1.1~1.5(청색)	0~0.6(적자색)
가열 시	불투명, 풀같이 엉킴	투명해지면서 끈기가 남
호화, 노화	쉽다	어렵다

(1) 호화에 따른 전분의 변화

호화는 전분의 결정성을 손실시켜, 부피를 팽창시킨다. 호화된 전분은 생전분보다 점도와 투명도 및 각종 전분 가수분해 효소들의 작용이 증가된다.

〈표 3-2〉 **호화에 영향을 주는 요인**

요인	작용
전분의 종류	아밀로펙틴의 함량이 높을수록 조리시간이 길고, 아밀로오스 함량이 많을수록 호화가 잘 된다.
입자의 크기	감자나 고구마 같은 감자류 등 전분의 입자가 클수록 호화가 잘 된다.
수침시간과 가열온도	가열하기 전에 전분의 수침시간이 길고 온도가 높을수록 호화가 잘 된다.
첨가물	전분에 첨가하는 물의 양이 많으면 호화되기 쉽고, 산은 가수분해가 일어나 점도가 낮아지고 호화가 잘 되지 않는다. 설탕은 호화를 방해하므로 탕수육 소스를 만들 때 전분을 호화시킨 후 설탕, 식초를 첨가하는 것이 좋다. 지방은 전분의 수화를 지연시키고, 점도를 방해한다.
물리적 요인	전분의 균등한 용액을 만들기 위해서는 호화가 시작될 때 잘 저어주어야 하지만, 계속해서 지나치게 저으면 전분입자가 팽창되어 점도가 낮아진다.

2) 전분의 노화

호화된 전분이 방치되면 불투명해지고 흐트러졌던 미셀 구조가 규칙적으로 재배열되면서 생전분의 구조로 변하는 현상을 노화(β화, retrogradation)라 한다. 노화가 진행되면 맛과 소화율이 낮아져서 품질이 저하된다. 이러한 현상은 호화된 전분의 수분이 감소되고 전분 분자 간의 수소결합이 재결정되면서 β-전분의 결정구조로 변화되기 때문이다.

〈표 3-3〉 **노화에 영향을 주는 요인**

요인	작용
수분함량	- 수분함량 30~60%는 노화되기 가장 쉽다. - 수분함량 10% 이하, 60% 이상일 때 a-전분 중의 아밀로오스분자들의 침전과 결합이 방해되어 노화가 잘 일어나지 않는다.
전분의 종류	- 전분입자의 크기, 형태, 내부구조, 아밀로오스와 아밀로펙틴의 함량 등이 노화에 영향을 준다. - 전분입자가 작은 곡류 전분(쌀, 옥수수 등)은 노화되기 쉽고, 전분입자가 큰 서류 전분(감자, 고구마 등)은 노화되기 어렵다.
온도	- 0~5℃ 범위: 노화가 잘 일어나는 온도, α-전분의 구조가 불안정해지기 때문이다. - 냉동 또는 60℃ 이상: 노화가 잘 일어나지 않는다. 고온에서 전분 분자 간의 수소 결합 형성이 힘들기 때문이다.
pH	- 노화는 수소이온이 많으면 촉진된다. - 알칼리성은 호화 촉진, 노화 억제하며, 산성은 노화를 촉진한다.
첨가물	- 무기염: 호화 촉진, 노화 억제한다. - 황산염: 노화 촉진한다. - 유화제 첨가하지 않을수록 노화가 잘된다.

3) 전분의 호정화

전분을 160~170℃에서 물 없이 열을 가하면 전분이 가용성의 전분을 거쳐 덱스트린으로 분해되는데 이를 호정화(dextrinization)라 한다. 호정화된 전분은 용해성이 생기고 점성이 낮아지게 되며, 맛도 구수해지고, 갈색으로 변하게 된다. 대표적인 식품으로 미숫가루, 뻥튀기, 팝콘, 진말 다식, 루(roux) 등이 있다.

TIP

빵을 토스트하면 단맛이 더 나는 이유?

식빵을 구우면 아밀로오스와 아밀로펙틴이 분해되어 덱스트린을 형성하기 때문에 원래의 빵보다 더 단맛을 갖게 된다.

4) 전분의 가수분해(당화)

전분에 산이나 효소를 작용시키면 단당류, 이당류 또는 올리고당으로 가수분해되어 단맛이 증가하는데 이러한 과정을 전분의 당화라 한다. 전분의 가수분해를 이용하여 만든 식품에는 물엿, 조청, 시럽, 식혜 등이 있다. 보리에 싹 틔워 엿기름을 만들어 전분 분해효소인 β -아밀라아제를 부분적으로 당화시켜서 맥아당의 식혜를 만들고, 이 용액을 농축시키면 조청이 되고, 더 농축하면 갈색의 엿이 된다.

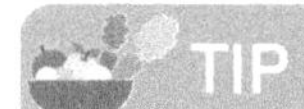

TIP

식혜의 단맛은?

식혜의 단맛은 엿기름에 함유된 β –아밀라아제가 당화되어 맥아당이 되기 때문이다. β –아밀라아제의 최적 활성 온도는 55~60℃로 전기밥솥 보온 상태의 온도이다.

5) 전분의 겔화

전분을 물에 푼 후 열을 가하여 호화시키고, 호화된 전분을 식혀 굳어지게 되는 현상을 겔화(gelation)라 한다. 전분의 겔화는 아밀로오스와 아밀로펙틴이 수소결합에 의해 고체 사슬을 형성하고 그 가운데 액체 성분이 갇히게 되는 현상이다. 겔의 강도에 영향을 주는 요인에는 전분의 종류(찰 전분, 근경류 전분의 경우 겔 형성 불가능), 전분의 농도, 가열의 정도, 설탕, 산, 유화제의 첨가 등이 있다. 아밀로오스 함량이 높은 전분 고구마, 감자전분은 겔화가 잘 일어나지 않으나 도토리, 녹두, 메밀, 동부 전분은 아밀로오스의 겔화가 잘 일어난다.

TIP

- **왜 아밀로펙틴 함량이 높은 전분은 겔 형성이 어려울까?**

  아밀로펙틴을 다량 함유한 찹쌀의 경우 호화했을 때의 점성과 탄성이 멥쌀보다 작으므로 겔(gel)화가 어렵다. 하지만 호화된 것을 다시 150℃ 이싱으로 가열하면 호화되어시 그대로 망상구조로 고정되는 특성을 가진다. 때문에, 쌀 과자용으로 이용된다.

  출처: 김명식/Kim Myung Sik(2016), 찹쌀 및 멥쌀가루 첨가에 따른 생면의 품질특성 및 기호도 증진 연구

- **묵 제조 시 아밀로오스와 아밀로펙틴의 역할**

  묵의 텍스처 특성에 있어 아밀로펙틴은 젤 지표와 탄력한계에, 아밀로오스는 겔 강도 계수와 절단성에 기여하였다. 이 두 분획은 어느 한쪽만으로 묵을 형성할 수 없으며 알맞은 배합일 때 묵이 될 수 있다.

  출처: 김향숙 · 안승요(1997), 아밀로오스와 아밀로펙틴이 묵의 텍스쳐에 미치는 영향, 한국생활과학회지, 6(2): 165

6) 전분의 구분

(1) 천연전분

주로 고구마, 감자, 옥수수, 타피오카 등에서 분리하여 물에 녹지 않고 가라앉는 성질을 이용하여 제조한다. 천연전분이 되었을 때 투명하고 저온에서 잘 노화되지 않는다. 옥수수 전분은 유백색을 띠며 점도가 낮은 특징을 가지고 있으며, 감자, 고구마 전분은 주로 농후제로 사용되고, 타피오카 전분은 열대작물인 카사바 뿌리에서 얻어 음료의 펄 등으로 사용된다. 타피오카 펄이란 호화시킨 카사바녹말(타피오카)로 만든 반투명하고 둥근 쫄깃한 식품으로 건조 후 유통시키고, 불린 후 삶아서 사용된다.

(2) 변성전분(Food Starch Modified)

천연전분의 단점을 보완하여 가공성을 높여 만든 우수한 전분이다. 호화전분(α -전분), 산처리 전분, 산화 전분, 가교결합 전분, 인산화 전분, 덩어리 저뷴 등으로 식품의 저장수명 연장, 바삭함 등의 효과가 있어 증점제, 안정제, 유화제 용도로 사용되고 있다.

① 덱스트린(Dextrin): 천연 전분을 물 없이 160℃로 가열하여 만든 변성전분으로 점도가 낮고, 환원력을 증가시키고, 노화가 거의 진행되지 않아 추잉껌, 초콜릿, 축산 가공식품에 원료로 사용된다.

② 가교전분(Cross Linked Starch): 천연전분의 -OH group과 반응시켜 가교화한 전분으로 pH 변화에 불안정하여 냉동식품, 레토르트식품 등에 이용된다.

TIP

파인소프트 T, 파인소프트 C, 파인소프트 202의 차이점

- 파인소프트 T: 낮은 온도에서 잘 풀어지고, 저장성을 높여주며, 쫄깃한 식감을 부여해 준다. 염분에 의해 굳는 현상이 적고, 고온살균 전후의 점도 변화가 적다. amylose 함유량이 17%로 타 전분 대비 적고 호화온도는 71~73.5℃로 다른 전분 대비 낮은 특성을 가지고 있다.
- 파인소프트 C: 탄성이 우수하며, 찬물에 용해가 잘되고, 점도 유지력이 우수하여 증점 안정제, 식감 개량제로 이용한다.
- 파인소프트 202: 파인소프트 T와 C의 기능을 보완했다. 파인소프트 T에 파인소프트 202를 혼합하여 사용하면 빵의 형태와 점도 유지의 기능을 도와준다.

7) 전분의 조리

조리 및 제품생산 과정에서 전분은 〈표 3-4〉와 같이 다양하게 사용된다.

〈표 3-4〉 **조리과정에서 전분의 역할**

전분의 역할	제품명
농후제	수프, 소스, 파이시럽 등
겔형성제	묵, 과편, 푸딩 등
결착제	소시지, 어묵, 게맛살 등 육류 가공품
안정제	샐러드 드레싱(호화전분액 가공 시) 등
보습제	빵, 과자 등
피막제	캡슐, 변성전분 필름
지방대체재	무지방 또는 저지방 식품의 전분 사용

2. 곡류의 이해

1) 쌀의 구조

쌀은 외피, 종피, 호분층으로 둘러싸여 있고 그 안에 배유, 배아로 구성되어 있다. 쌀의 탄수화물은 전분이 70~80%를 차지하며 밥의 끈기와 밥맛에 영향을 준다. 쌀은 도정도에 따라 영양소 함량의 차이가 있으며, 보통 오르제닌(oryzenine) 단백질이 함유되어 있고, 주로 배아와 왕겨층에 지질, 무기질, 비타민 B가 존재한다. 또한, 쌀의 종에 따라 점성의 차이를 보이는데 조생종보다 만생종이 점탄성과 끈기가 높다.

2) 멥쌀과 찹쌀의 특징

(1) 멥쌀

일반적으로 밥을 짓는 쌀로 쌀알(배유)은 반투명하고, 광택이 나며 유백색이다. 멥쌀 밥은 찹쌀밥보다 찰기가 적다. 멥쌀은 아밀로오스 20~25%, 아밀로펙틴 75~80% 비율로 구성되어 있다. 아밀로오스는 단당류인 포도당 분자가 고리 모양으로 연결되어 있고 술, 떡, 과자, 식초 등의 제조에 사용된다.

〈표 3-5〉 **멥쌀과 찹쌀의 비교**

구분	멥쌀	찹쌀
아밀로오스(Amylose) 함량	20~25%	1~2%
아밀로펙틴(Amylopectin) 함량	75~80%	98~99%
단백질 함량	6.5%	7.4%
호화온도	65℃ 정도	70℃
유리지방산	적음	멥쌀보다 많음
저급불포화지방산	적음	멥쌀보다 많음
외관	반투명하고, 찹쌀에 비해 길	유백색이며, 멥쌀보다 짧음
아이오딘 용액의 반응	청남색	반응 없음(갈색)

(2) 찹쌀

외관은 유백색으로 불투명하고, 아밀로펙틴 98~99%로 구성되어 있다. 찹쌀밥은 물이 배유의 내부까지 침투하여 전분입자를 수화시켜 물과 열이 고루 전달되어 멥쌀보다 호화가 신속히 일어난다. 완성된 밥은 찰기와 소화성이 멥쌀보다 높은 특징을 가진다. 찹쌀은 찰떡, 인절미, 약식, 식혜, 술, 고추장 등에 이용된다.

3) 쌀의 조리

쌀의 호화는 분자 간 수소결합이 열에 의하여 생쌀의 규칙적인 미셀 구조가 끊어지면서 틈 사이로 물 분자가 들어가 활발히 움직이면서 일어난다.

① 제1단계 : 생쌀(β -전분)에 냉수를 분산시킨 후 가열을 통해 α -1,6 결합이 밀집된 비결정성 부분에 물을 침투시켜 쌀 무게의 25~30% 수분을 흡수하면서 호화 개시온도까지 가역적 변화를 한다.

② 제2단계 : 쌀물의 호화 개시온도(60℃) 이상이 되면 결정성 영역의 수소 결합을 끊고 그 사이로 물이 침투되면서 급격하게 쌀알의 입자가 팽윤(swelling)되고, 복굴절성(birefringence)이 소실되는 비가역적 변화가 일어난다. 이때 전분입자에서 일부의 아밀로오스와 아밀로펙틴의 일부가 끊어져 용출되어 나와 최대점도에 도달하고 반투명한 콜로이드 용액이 형성되는 호화가 진행된다.

③ 제3단계 : 계속 가열하면 팽윤된 쌀의 입자가 서로 부딪쳐 붕괴되면서 점도가 감소한다.

TIP

- **맛있는 밥의 요건?**

맛있는 밥은 쌀의 종류, 건조상태, 묵은쌀과 햅쌀의 여부 등에 의해서 결정된다. 또한, 밥의 수분 흡수율은 60.5~66.5% 정도, 쌀의 무게×2.3배(쌀 1+수분 1.3)=밥 무게 등으로도 확인할 수 있다.

■ 밥 짓는 요령

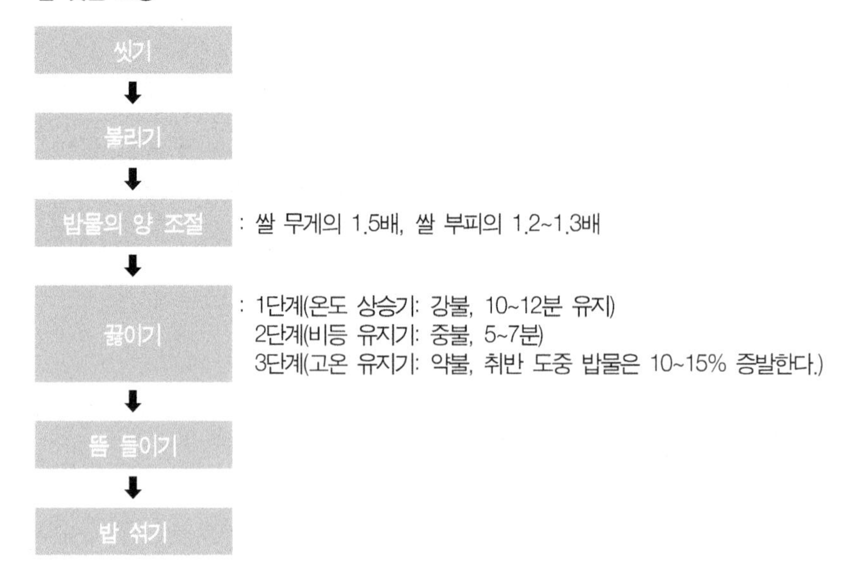
씻기
불리기
밥물의 양 조절
: 쌀 무게의 1.5배, 쌀 부피의 1.2~1.3배
끓이기
: 1단계(온도 상승기: 강불, 10~12분 유지)
2단계(비등 유지기: 중불, 5~7분)
3단계(고온 유지기: 약불, 취반 도중 밥물은 10~15% 증발한다.)
뜸 들이기
밥 섞기

Ⅱ. 실험실습

[실험 3-1] 엿기름 농도별 당화속도 및 식혜의 품질 분석

실험일: 년 월 일

• 실험목적

- 달지 않은 분쇄 맥아(엿기름)를 발효시켜 만든 식혜는 왜 단맛이 나는지를 이해한다. 또한 엿기름의 농도가 당화 속도와 식혜의 완성품에 어떤 영향을 미치는지 실험을 통해 배우고 식혜의 원리를 학습한다.

식혜

• key word : 식혜의 원리

• 실험재료 및 기구

실험재료			
시판 엿기름가루	175g(25g, 50g, 100g)	설탕	120g(40×3)
멥쌀	1컵(또는 즉석밥 390g)	생강	
물	2.4리터	1회용 티백	자색고구마페이스트(선택)
준비기구			
계량도구	저울, 비커, 당도계		
조리도구	볼, 냄비, 보온밥통, 주걱, 체 등		

• 실험내용/방법

1. 밥을 고슬하게 지어 살짝 식히거나 즉석밥을 준비하여 130g씩 3등분한다.
2. 시판 엿기름가루 25g(티백A), 50g(티백B), 100g(티백C)씩을 티백에 나눠 넣는다.
3. 시료A : 물 800mL에 밥 130g 넣어 풀어주고 티백A를 넣는다.
   시료B : 물 800mL에 밥 130g 넣어 풀어주고 티백B를 넣는다.
   시료C : 물 800mL에 밥 130g 넣어 풀어주고 티백C를 넣는다.
4. 오븐, 밥통 등 60℃를 유지할 수 있는 곳에 3의 시료를 넣어 4시간 내외로 당화시킨다.

5. 밥알이 5~6개 떠오르면 꺼내어 티백을 빼주고 식혜물을 조금 덜어 당도를 측정하고 요오드 반응색을 관찰한다.
6. 식혜를 가열하여 끓으면 거품을 걷어내고 15.5브릭스의 당도가 되도록 설탕을 가한다.
   [일부는 자색고구마 페이스트나 자색고구마 삶은 것을 체에 걸러 넣어도 좋음]
7. 완성품의 결과를 평가 및 고찰한다.

TIP

Brix란?

당도를 측정하는 단위. 굴절계로 측정하며 당 농도를 설탕 농도로 하여 무게 백분율(w/w%)로 나타냄. 식혜의 당도는 기호에 따라 다르나 평균 15.5Brix로 잡는 편임

• 과정사진

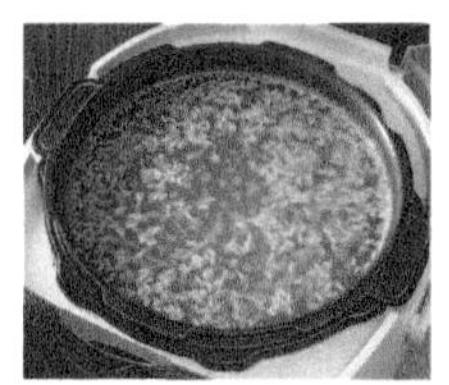

• 실험결과

	시료A	시료B	시료C
엿기름물: 밥 비율			
당화 후 온도			
당화 후 당도(Brix)			
요오드 반응색			

		시료A	시료B	시료C
관능평가	단맛			
	풍미			
	엿기름 맛			
	밥알 삭은 정도			
	전반적 기호성			

• 고찰

- 식혜 제조 시 가장 적합한 가수분해력을 가지는 적정 엿기름 농도를 확인한다.

- 식혜의 원리를 이해하고 다양한 식혜 종류에 대해 고찰한다.

[실험 3-2] 멥쌀가루와 찹쌀가루의 특성 비교_도넛

실험일: 년 월 일

• 실험목적

- 멥쌀가루와 찹쌀가루를 구분할 때 사용하는 요오드반응의 원리를 이해한다.
- 멥쌀가루, 찹쌀가루를 각각 밀가루와 혼합하여 반죽한 도넛의 비교 실험을 통해 멥쌀과 찹쌀가루 반죽 결과물의 성상을 비교하고 그 특성을 이해한다.

도넛(멥쌀, 찹쌀)

• key word : Amylose, Amylopectin

• 실험재료 및 기구

실험재료(도넛 2종)					
(반죽A) 멥쌀가루	150g	드라이 이스트	15g×2	소금	2g×2(조정)
(반죽B) 찹쌀가루	150g	중력분	150g×2	설탕	30g×2
물(가루 따라 가감)	90g×2	베이킹파우더	2g×2	버터	25g×2
튀김기름, 설탕, 계핏가루 적당량					
기초실험재료	멥쌀가루 30g, 찹쌀가루 30g, 요오드액(요오드화칼륨 용액) 10mL				
준비기구					
볼, 튀김도구(튀김냄비, 건지게, 튀김용 나무젓가락, 키친타월), 계량컵, 계량스푼, 타이머, 일반 조리도구					

* 물의 양은 찹쌀가루, 멥쌀가루가 습식기준이며 건식은 50% 추가 투입
* 습식 쌀가루류에는 소금이 이미 첨가된 경우가 많으므로 확인 후 소금 투입여부 결정
* 물은 35℃ 내외의 미지근한 물 사용

• 기초실험-요오드반응을 통한 찹쌀가루, 멥쌀가루의 구분

1. 구분이 어려운 용기에 찹쌀가루와 멥쌀가루를 담고 1큰술씩 덜어낸다.
2. 가루 위에 요오드액을 떨어뜨린다.
3. 1분 후 두 가지 색을 비교하여 찹쌀가루와 멥쌀가루를 구분한다.

- 실험내용/방법_도넛 2종 만들기(A, B에 동일한 반죽시간, 강도로 실험 진행)
  1. 준비한 물 90g 중 약 1/3을 미지근하게 데워 이스트, 설탕을 소량 넣고 혼합해 5~10분간 둔다.
  2. 반죽A에 분량의 설탕, 강력분(중력분), B.P를 넣고 체에 내린다.
  3. 2에 모든 재료(버터는 반죽가루가 조금 남을 정도로 뭉쳐지면 투입)를 넣어 촉촉하고 부드럽게 충분히 반죽한다.
  4. 볼에 담아 랩 씌워 25분 내외로 발효시킨다.
  5. 반죽B도 동일한 방법으로 반죽하여 발효시킨다.
  6. 반죽을 40g씩 분할하여 성형한 후 170℃ 기름에서 약 5분간 노릇하게 튀긴다.
  7. 키친타월에 기름 살짝 빼고 계핏가루 약간 섞은 설탕을 살짝 입힌다.
  8. 각각의 결과물을 평가한다.(외관, 조직감, 맛, 질감, 색깔, 전반적 기호도 등)

- 과정사진 1

아이오딘반응

- 과정사진 2

• 실험결과

특성	찹쌀반죽	멥쌀반죽
튀김시간		
외관		
조직감(질감)		
맛		
색깔		
전반적 기호도		

* 맛은 순위법, 나머지는 묘사법으로 분석

• 고찰

- 찹쌀가루와 멥쌀가루의 성분을 비교 분석한다.

- 순위법, 묘사법의 분석법을 사용하여 도넛의 외관과 조직감, 전반적 기호성을 비교한다.

- 멥쌀가루와 찹쌀가루의 구분방법과 원리에 대해 고찰한다.

[실험 3-3] 전분 종류에 따른 묵 제조와 특성 비교_묵 2종

실험일:　　년　　월　　일

- 실험목적
  - 전분 겔(gel)은 주로 아밀로오스에 의해 형성되므로 아밀로펙틴만을 함유하고 있는 찰전분의 경우 겔이 잘 형성되지 않는다.
  - 본 실험을 통해 묵의 원리를 이해하고, 겔(gel)화가 되는 전분과 안 되는 전분의 차이를 관찰해 본다.

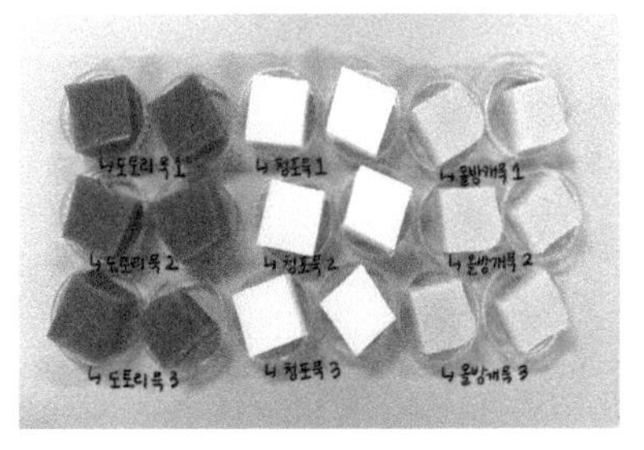

도토리묵, 청포묵, 메밀묵

- key word : 묵의 원리
- 실험재료 및 기구

실험재료(메밀묵, 도토리묵)					
메밀묵	메밀묵 가루(메밀전분)	1/2컵(50g)	도토리묵	도토리묵 가루(도토리전분)	1/2컵(50g)
	소금	0.4g		소금	0.4g
	물	2~2.5C		물	2~2.5C

준비기구	
계량기구	계량컵, 계량스푼, 타이머, 온도계
일반 조리기구	묵 굳힘 틀, 냄비, 주걱, 고무주걱, 볼, 접시, 칼, 도마

* 묵가루 50g=약 1/2컵/ 물은 묵가루의 5배 내외로(부피 기준) 묵가루 제조기간, 묵가루 종류, 제조일의 경과에 따라 다소 차이가 있음

- 실험내용/방법_묵 2종 만들기
  1. 전분 분말에 각각 계량한 물을 가하여 현탁액을 만들어 30여 분간 둔다.
  2. 약한 불에서 바닥이 눋지 않도록 나무주걱으로 저어가며 완전히 호화시킨다.
  3. 전분 현탁액이 호화되기 직전에 소금 넣고 투명해질 때까지 가열한 후 전분이 완전히 점도를 가질 수 있도록 뜸을 들인다.
  4. 식기 전에 물기를 묻힌 용기에 담아 식힌다.
  5. 전분 종류에 따른 묵의 겔 형성능력과 관능특성을 비교한다.

* 메밀전분, 도토리전분 외 올방개전분, 녹두전분 등으로 교체 또는 추가 가능

• 과정사진

• 실험결과

	시료명: 도토리묵	시료명: 메밀묵
경도		
이장 현상		
조직감*		
질감**		
전반적 기호도***		
%sag****		

* 실제 먹어보고 느껴지는 조직감이 거친지, 치밀한지, 단단한지, 깔깔한지 등을 적는다.

** 탄성이 있는지, 매끌거리는지, 쫀득거리는지, 끈끈한지 등을 적는다.

*** 선호하는 정도를 숫자로 적는다(7점 척도 1: 매우 싫다 ~ 7: 매우 좋다).

**** % sag_ 푸딩과 같이 틀 내외에서의 퍼짐성에 따른 부피감 변화를 측정하는 단위로 본 실험과 같이 변화가 미미할 경우 제외할 수 있음

% sag = 틀 내의 gel 높이 - 틀에서 뺀 후 gel 높이 / 틀 내의 gel 높이 × 100

- 고찰
  - 전분의 겔화에 대하여 알아본다.

  - 겔화가 되는 전분과 겔화되지 않는 전분의 차이에 대해 고찰한다.

♠ 실험재료를 이용한 요리실습_묵사발, 묵전

▷ 묵사발

묵사발 재료(3~4인용)

다시멸치 50g, 다시마 2쪽, 태국고추 3~5개, 물 2리터/ 멸치액젓 · 소금 적량, 밥 2공기, 배추김치(찌개용), 참기름 · 설탕 약간씩, 김가루 적량, 달걀 1개, 도토리묵 500g

*양념간장 : 국간장 1큰술, 진간장 1큰술, 참기름 1/2큰술, 다진 마늘 1작은술, 쪽파(송송 썬 것) 3큰술, 설탕 1작은술, 고춧가루 2작은술

준비기구

볼, 프라이팬, 뒤집게 등

1. 육수 내기(멸치, 다시마 넣고 끓여 걸러 멸치액젓, 소금 간 한다.)
2. 밥 준비해 두고 묵을 채썬다.
3. 묵은 배추김치채(참기름 소량, 설탕 소량 무침) 준비
4. 김가루, 깻가루 등 준비
5. 묵그릇에 묵, 밥, 김치, 김가루, 깻가루 등의 순서로 담고 육수 부어 낸다.

▷ 묵전

묵전(4인분)

완성한 묵(메밀묵, 도토리묵 등) 200g, 달걀 2개, 부침가루 1/2컵, 식용유 적량, 소금 약간

⚠ 양념장 : 묵사발 양념간장 이용

준비기구

볼, 프라이팬, 뒤집게 등

1. 묵은 크기 2.5×3.5cm, 두께 0.6cm 정도로 썰어준다.
2. 달걀은 소금 약간 넣고 풀어준다.
3. 묵을 부침가루, 달걀 순으로 입혀 기름 두른 팬에서 노릇하게 지져 낸다.
4. 접시에 담고 양념장 뿌려 낸다.

[실험 3-4] 일반전분과 변성전분의 이해_감자빵

실험일: 년 월 일

- 실험목적
  - 전분의 종류별 특성을 이해하고, 변성전분의 종류와 장점을 확인한다.
  - 또한 조리와 빵의 영역이 서로 영향을 미치며 진화해 나가는 현재 트렌드를 이해하고 연구한다.

감자빵

- key word : 변성전분

- 실험재료 및 기구

실험재료[12개 분량]
[필링] 찐 감자 450g, 아몬드가루(또는 깻가루) 20g, 콘옥수수 1/2컵, 견과류 20g, 베이컨(쇠고기) 60g, 마요네즈 20g, 설탕 15g, 소금 · 후추 약간씩 [반죽] 파인소프트 T 200g, 파인소프트 C 40g, 파인소프트 202 40g, 강력쌀가루 20g, 달걀 1개(55g), 물엿 30g, 우유 160g, 소금 4g, 실온버터 80g [고물] 콩가루, 흑임자가루 / 꼬치
준비기구
전자저울, 계량컵, 계량스푼, 냄비, 스텐볼, 프라이팬, 오븐, 오븐 트레이, 일반 조리도구(칼, 도마, 체, 주걱, 행주 등)

- 실험내용/방법

  1. 필링 준비

     삶은 감자는 뜨거울 때 으깨고 나머지 재료를 넣어 섞고 랩을 씌워 놓는다. [베이컨(쇠고기)은 잘게 썰어 볶아 기름 제거 후 혼합]

  2. 반죽 준비

     1) 분량의 가루 재료(파인소프트류, 쌀가루)를 볼에 넣고 천천히 가루가 날리지 않게 섞어준다.

     2) 다른 볼에 달걀을 풀고 우유, 물엿, 소금을 섞어준다.

3) 1)의 가루에 2)의 액체를 적당히 섞어주고 부드러운 실온 버터를 추가해서 매끈하게 반죽한 후 랩을 씌워 놓는다.

3. 분할(반죽, 필링) 및 둥글리기
   1) 으깬 감자를 약 40g씩 분할(12개)하고 반죽도 약 50g씩 분할한다(12개).
   2) 분할한 반죽은 둥글리기하여 매끈하게 한다.
4. 성형_반죽을 적당히 펼쳐 감자필링을 넣고 감싼 후 감자형태로 성형한다.
5. 고물 입히기

   콩고물에 흑임자를 적당히 혼합해서 흙 느낌을 만든 후 반죽을 굴려 골고루 묻히면서 감자 모양을 잡아 패닝한다 → 이쑤시개나 젓가락으로 골고루 찔러 준다.
6. 굽기_180℃로 예열된 오븐에 15~18분간 구워준다.

TIP

관련정보 및 Cooking

- 소금은 우유에 녹여서 사용, 농도에 따라 마요네즈 사용량 조절
- 오븐에 따라 굽는 시간 조절(160도 18~20분 또는 175도 13~15분)
- 감자소비량 유럽평균 1인당 연 80kg, 미국 58kg(이 중 반은 가공형) / 저온저장
- 감자 종류는 수미, 대지, 대서, 남작 /시중의 70%는 수미

- 과정사진

• 실험결과

[구운 온도(　　℃)/구운 시간(　　분)]

	완성 직후	24시간 냉장보관 후
풍미/외관		
빵의 품질		
소의 품질		
전반적 상품성		

• 고찰

- 변성전분과 일반전분의 장단점에 대하여 고찰한다.

[실험 3-5] 변성전분이 제빵성에 미치는 영향_고구마빵

실험일: 년 월 일

• 실험목적

- 변성전분의 장점을 이용한 다양한 활용법을 살펴보고 이를 이용한 고구마빵 제조 원리를 실습을 통해 익힌다. 또한 노화를 늦출 수 있는 방안에 대해 모색해 본다.

고구마빵

• key word : 파인소프트 T, C, 202

• 실험재료 및 기구

실험재료[12개 분량]
[필링] 찐 밤고구마 480g, 콘옥수수 70g, 계핏가루 약간, 꿀(조청) 1T, 베이컨 40g [반죽] 파인소프트 T 200g, 파인소프트 C 40g, 파인소프트 202 40g, 강력쌀가루 20g, 달걀 1개(55g), 물엿 30g, 우유 160g, 소금 4g, 실온버터 80g [고물] 자색고구마가루, 콩가루, 흑임자가루 / 꼬치
준비기구
전자저울, 계량컵, 계량스푼, 냄비, 스텐볼, 프라이팬, 오븐, 오븐 트레이, 일반 조리도구(칼, 도마, 체, 주걱, 행주 등)

• 실험내용/방법

1. 필링 준비

삶은 고구마는 뜨거울 때 으깨고 나머지 재료를 넣어 섞고 랩을 씌워 놓는다.

2. 반죽 준비

1) 분량의 가루 재료(파인소프트류, 쌀가루)를 볼에 넣고 천천히 가루가 날리지 않게 섞어준다.

2) 다른 볼에 달걀을 풀고 우유, 물엿, 소금을 섞어준다.

3) 1)의 가루에 2)의 액체를 적당히 섞어주고 부드러운 실온 버터를 추가해서 매끈하게 반죽한 후 랩을 씌워 놓는다.

3. 분할(반죽, 필링) 및 둥글리기
   1) 으깬 고구마를 약 40g씩 분할(12개로 나눔)하고 반죽도 약 50g씩 분할한다 (12개).
   2) 분할한 반죽은 동글리기를 하여 매끈하게 한다.
4. 성형: 반죽을 적당히 펼쳐 감자필링을 넣고 감싼 후 타원형의 고구마 형태로 성형한다.
5. 고물 입히기: 자색고구마가루에 반죽을 굴려 골고루 묻히면서 고구마 모양을 잡아 패닝한다 → 이쑤시개나 젓가락으로 골고루 찔러준다.
6. 굽기: 180도로 예열된 오븐에 15~18분간 구워준다.
7. 완성품은 1차 완성 직후, 2차 하루 뒤 비교 평가한다.

• 과정사진

• 실험결과

[구운 온도(　　　℃)/구운 시간 (　　분)]

	완성 직후	24시간 냉장보관 후
풍미/외관		
빵의 품질		
소의 품질		
전반적 상품성		

- 고찰
  - 현재 시중에 판매 중인 변성전분 제품에 대하여 고찰한다.

  - 변성전분을 이용한 메뉴개발 분야에 대하여 함께 고찰한다.

Chapter 4

밀가루

CHAPTER

밀가루

Ⅰ. 이론

밀가루(wheat flour)는 전 세계 인구 60% 이상이 주식으로 사용하고 있다. 밀은 일년생으로 소맥(小麥)이라고도 하며, 다른 곡류와 다르게 단백질의 함량이 높아 면류, 제빵 등에 이용된다.

1. 밀가루의 특징

밀가루는 카로티노이드계나 플라보노이드계의 색소를 가지고 있다. 또한, 밀가루에는 아밀라아제, 프로타아제, 리폭시게나제 등 가공과 저장성에 영향을 주는 효소를 다량 함유하고 있다. 밀가루의 주요 성분은 탄수화물 75%, 단백질 8~16%, 지질 2%, 무기질 2~0.5%, 수분 13% 정도로 다른 전분에 비해 단백질 함량이 높은 편이다.

밀가루의 단백질에는 가용성 단백질인 알부민, 글로불린, 글루텐 등이 있다. 글루텐은 글리아딘(gliadin)과 글루테닌(glutenin)으로 분류된다. 밀가루 반죽을 다량의 물로 씻어내면 수용성인 알부민, 글로불린이 유출되고, 물에 녹지 않는 글리아딘과 글루테닌이 남는다. 글리아딘은 총단백질의 40~50%를 함유하고, 글루테닌은 40% 정도를 차지하고 있다. 글리아딘은 저분자량의 타원형으로 고분자의 섬유상의 특성을 가진 글루테닌보다 점성과 신장성은 높고 탄성은 낮은 특성을 가진다(〈표 4-1〉 참조).

〈표 4-1〉 **밀가루의 단백질**

구분	밀 단백질	
	비글루텐(non-gluten)	글루텐(gluten)
함량	15%	85%
특징	밀가루 효소, 가용성 단백질, 응고성 단백질로서 반죽의 성형이 안 된다.	산, 염기 및 수소결합 용매에 용해되며 반죽 성형이 된다.
종류	알부민(60%) 글로불린(40%)	고분자량(글루테닌): 탄력성 저분자량(글리아딘): 신장성

출처: 농사로(www.nongsaro.go.kr)

밀 단백질의 구조는 -S-S 결합이 선상으로 길다란 사슬의 글루테닌 분자가 연속된 뼈대를 만들며 서로 엉켜있고, 글리아딘은 구슬들이 서로 연결된 모양이다. 밀가루에 수분이 더해지면 전분의 입자들이 팽윤하고 치밀한 사슬 모양의 대칭형을 이룬다. 이산화탄소가 기공 사이에 메워져 점탄성의 유동성이 생기면서 3차원 글루텐 복합체(그물구조)가 형성된다. 이렇게 형성된 내부에 열을 가하면 반죽이 호화되면서 부풀어오른 후 파괴되지 않고 형태를 유지하게 된다.

2. 밀가루의 종류

밀가루의 단백질인 글루텐을 이용하여 여러 조리를 할 수 있다. 밀가루는 단백질의 글루텐 함량에 따라 강력분(hard wheat flour), 중력분((all purpose flour, 다목적용), 박력분(soft wheat flour)으로 나눈다. 밀가루는 글루텐의 함량이 높을수록 점탄성과 수분흡수율이 높게 나타난다. 〈표 4-2〉에 글루텐 함량에 따른 밀가루의 특징과 사용 용도를 나타내었다.

〈표 4-2〉 **밀가루 종류에 따른 특징과 용도**

구분	글루텐 함량		특징	용도
	건부율(%)	습부율(%)		
초강력분	13 이상	38 이상	듀럼밀(Durum)로 만들며, 강력분과 유사한 탄성을 갖고 있으나, 수분흡수율은 높다.	파스타, 마카로니 등

강력분	13 이상	35 이상	경질밀로 만들며, 글루텐 함량이 높아 탄력성과 점성이 강하고 수분의 흡착력이 높고, 반죽을 구웠을 때 많이 부풀게 한다.	제빵, 식빵, 쫄면 등
중력분	10~13	25~35	강력분과 박력분의 중간적 성격으로 다목적 밀가루로 사용한다.	다목적용, 소면, 우동, 수제비, 칼국수 등
박력분	10 이하	19~25	연질밀로 만들며 글루텐의 탄력성과 점성이 약하고 물의 흡착력이 약하다.	제과, 과자, 튀김옷 등

TIP

듀럼밀이란?

듀럼은 라틴어로 '딱딱하다'라는 뜻으로 밀의 종류 중에서 가장 딱딱하고 크기가 크며, 낟알이 진한 노란색을 띠어 가루색도 노란색을 띤다. 글루텐 단백질이 일반 밀보다 다량 함유되어 있어 높은 탄력성을 가지고 있어 파스타와 마카로니 원료로 사용된다.

3. 글루텐 형성에 영향을 주는 요인

1) 글루텐 함량

밀가루 단백질을 완전히 수화하려면 글루텐 무게의 약 2배의 물이 필요하다. 강력분은 박력분에 비해 더 많은 물이 필요하고, 글루텐이 느리게 형성되어 오랜 시간 반죽을 치대야 한다.

2) 물을 첨가하는 방법

물을 한꺼번에 넣는 것보다는 소량씩 나누어 넣고 밀가루 반죽을 치대면 글루텐 형성에 도움이 된다.

3) 반죽은 치대는 정도

밀가루 반죽은 물을 넣고 치대면 글루텐이 형성되기 시작하여 반죽을 치댈수록 촘촘한 입체적인 그물구조를 형성하게 된다. 그러나 기계 반죽을 이용하여 과도하게 치대는 경우 글루텐의 섬유가 축 늘어지고 가늘어질 수 있으므로 음식의 종류에 따라 반죽의 정도를 조절해야 한다.

4) 가루의 입자크기

밀가루 입자의 크기가 작을수록 글루텐 형성이 쉬워진다.

5) 반죽의 방치

밀가루 반죽을 랩으로 싸서 적당시간 방치하면 반죽한 직후보다 신장성이 증가하여 밀기 쉬워진다. 이는 반죽의 휴지 시간 동안 글루텐 그물망 구조의 균질화로 신장성에 대한 저항이 줄어들기 때문이다.

6) 물의 온도

물의 온도가 올라가면 단백질의 수화 속도가 가속화되어 글루텐 생성의 속도가 빨라지고, 물의 온도가 낮아지면 글루텐 생성이 억제된다. 일반적으로 밀가루의 글루텐을 형성하기 위해서 30℃ 전후의 물을 사용하며, 튀김옷을 만들 때는 15℃ 전후인 냉수를 사용한다. 찬물은 밀가루의 흡수량을 낮추고, 글루텐 형성을 억제하므로 튀겼을 때 반죽을 바삭하게 한다.

7) 첨가물

밀가루 반죽은 물 외에도 액체, 소금, 설탕, 달걀, 유지, 팽창제 등과 같은 첨가물에 의해 반죽의 질에 〈표 4-3〉과 같은 영향을 받는다.

〈표 4-3〉 **밀가루 반죽에서 첨가물의 역할**

재료	역할	재료	역할
액체	• 밀가루의 수분 공급 • 전분의 호화 • 이산화탄소 생성 • 건재료 용매 역할	설탕	• 단맛 부여 • 발효를 도와 부피 증가 • 촉촉함 부여 • 빵 껍질의 갈색화 • 글루텐 형성 억제

달걀	• 팽창작용 • 색깔과 향미 향상 • 영양가 향상 • 유화제 역할	소금	• 향미 부여 • 반죽을 단단하게 함 • 점탄성 증진 • 유통기한 연장
팽창제	• 부피 증가 • 빵 속살의 텍스처와 향미에 기여	유지	• 연하게 함 • 크리밍에 의한 부피 증가 • 구조 및 바삭함에 기여 • 전분의 노화 방지

4. 밀가루 팽창제의 종류

1) 공기

밀가루를 체로 치거나 다른 재료들과 혼합할 때 반죽하는 과정에서 자연적으로 공기가 혼입되어 굽는 동안 팽창된다.

2) 수증기

수분이 수증기로 변할 때 부피는 1,600배가 증가되기 때문에 수증기는 공기보다 훨씬 더 효과적인 팽창제이다. 머핀과자는 팝오버(popover)의 방법으로 수증기를 이용해서 구워 약 3배의 부피로 팽창하고, 디저트 슈의 경우는 크림퍼프(cream puff) 방법으로 수증기를 주된 팽창제로 사용하고 있다.

3) 이스트

이스트는 사카로마이세스 세레비시아(Saccharomyces cerevisiae)에 속한 효모균이 주로 사용된다. 이스트는 포도당, 설탕, 과당, 맥아당을 기질로 온도 28~30℃, pH 4.5~5.5의 최적 조건을 맞추어주면 발효가 촉진된다. 이스트 빵은 밀가루 100에 대해 생이스트 약 2%와 드라이 이스트 약 1%는 동일한 발효력이 있으며, 일반적 재료 배합비율은 〈표 4-4〉와 같다.

$$C_6H_{12}O_6\text{(단당류)} \rightarrow 2C_2H_5OH\text{(알코올)} + 2CO_2\text{(탄산가스)}$$

〈표 4-4〉 **이스트 빵 재료의 일반적 비율**

재료	밀가루 중량에 대한 범위(%)
밀가루(다목적용)	100
지방	2~6
액체	60~65
설탕	2~6
소금	1~1.5
이스트	1~6

4) 화학적 팽창제

화학적 팽창제란 밀가루 반죽에 탄산가스가 발생할 수 있는 식품 첨가물질을 혼합하여 가열 중 화학변화에 의해 탄산가스를 생성하게 된다. 화학적 팽창제에는 베이킹소다(중탄산나트륨), 베이킹파우더, 중탄산암모늄, 탄산암모늄, 염화암모늄 등이 있다.

① 베이킹소다(중탄산나트륨): 중탄산나트륨(식소다)은 단독으로 사용하는 경우는 강한 알칼리성의 탄산나트륨으로 인해 밀가루의 플라본계 색소가 황색으로 변하고 베이킹파우더보다 4배의 팽창력과 독특한 풍미를 가지나 과하게 사용하면 쓴맛이 난다.

$$2NaHCO_3 \rightarrow \frac{\text{가열}}{\text{물}} \rightarrow CO_2\text{(탄산가스)} + Na_2CO_3\text{(탄산나트륨)} + H_2O\text{(물)}$$

② 베이킹파우더: 베이킹파우더는 가스발생제(중탄산나트륨), 산성제(가스발생 촉진제), 완화제(전분)로 이루어져 있다. 베이킹소다의 여러 장단점을 보완하여 만들어졌다. 발생된 주석산나트륨은 중성이기 때문에 제품의 색과 맛에 대한 영향력이 적다.

$$2NaHCO_3 + CHOH \cdot COOH \xrightarrow[\text{물}]{\text{가열}} 2CO_2 + CHOH \cdot COONa + 2H_2O$$

(중탄산나트륨 + 주석산) (탄산가스 + 주석산나트륨 + 물)

TIP

■ **베이킹소다 대신 베이킹파우더 사용 가능할까?**

베이킹소다의 주성분은 중탄산나트륨이고, 베이킹파우더는 베이킹소다에 산성가루와 전분이 혼합되어 있다. 베이킹소다 대신 베이킹파우더를 사용하면 신맛과 특유의 향을 제거해 주고, 산성가루의 중화제 역할로 제빵에 훨씬 유리하긴 하나 베이킹에서 베이킹소다가 들어가야 하는 레시피에 베이킹파우더를 넣으면 원하는 결과물을 얻기가 어렵다. 일반적으로 베이킹소다는 산성 재료와 함께 사용하고, 베이킹파우더는 이미 산성 가루가 더해져 있어 수분만 더해 팽창제로 사용된다.

■ **튀김옷에 베이킹소다(중조)를 첨가하면?**

튀김옷을 가열하면 재료로부터 물을 흡수하고, 익으면서 호화가 된다. 중탄산소다가 들어간 튀김옷은 뜨거운 기름에 반응해 탄산가스가 일어나 튀김 원재료 겉에 튀김옷 반죽이 덩어리지지 않고 호화가 되고, 튀김옷의 표면적이 넓어지면서 물과 기름이 교대할 수 있는 공간이 넓어지면서 더 바삭한 튀김이 완성된다. 따라서 중탄산소다(Sodium bicarbonate, 베이킹소다)를 0.2%가량 첨가하여 튀김을 튀겨내면 시간이 조금 지나도 바삭한 식감의 노르스름한 튀김을 맛볼 수 있다.

Ⅱ. 실험실습

[실험 4-1] 밀가루 종류별 글루텐 함량 및 특성 비교

실험일: 년 월 일

- 실험목적
  - 밀가루 단백질은 밀가루의 중요한 특성을 결정짓는 기준이다. 글루텐 형성이 조리에 미치는 영향에 대해 학습한다.
  - 본 실험에서는 밀가루 세 종류를 각각 반죽 및 세척을 통해 글루텐만을 추출하여 밀가루 종류별 함량을 측정해 본다.

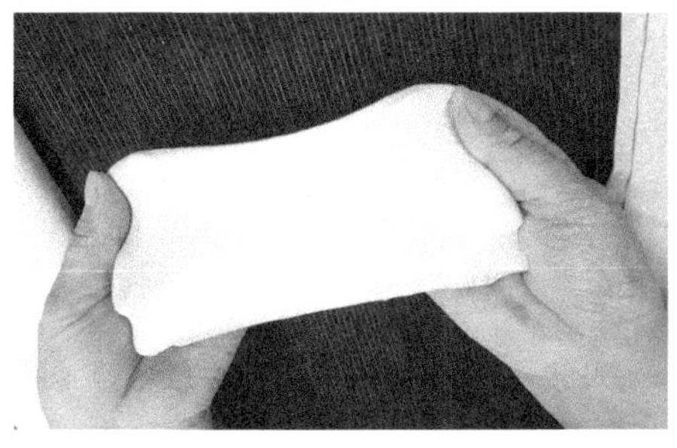

밀가루

- key word : 글루텐
- 실험재료 및 기구–글루텐 추출하기(밀가루 3종)

〈재료〉

재료명	분량	재료명	분량
강력분	50g	물(40~50℃)	90g(30g×3)
중력분	50g	소금	1.5g(0.5g×3)
박력분	50g	부피측정용 좁쌀	

〈기구〉 전자저울, 메스실린더, 볼(소), 거즈, 일반 조리기구, 오븐, 타이머, 온도계

- 실험내용/방법

1. 반죽 및 휴지: 밀가루 3종을 각각 50g씩 측량한 후, 40~50℃의 물(25~30g)을 넣고 반죽하여 뭉쳐지면 100회 정도 더 치대어 30분간 휴지시킨다.

2. 반죽 전분 제거: 각각의 반죽을 미지근한 물에 넣고 흐트러지지 않도록 모아 가면서 물속에서 조심스럽게 주물러준다. (거즈를 깔아 글루텐이 빠져나가는 걸 막아줄 것)
3. 글루텐 수분 제거: 맑은 물이 나오도록 충분히 씻어 글루텐만 남으면 손으로 꼭 짠 후 젖은 거즈로 다시 물기를 제거하여 측정한다.
4. 중량, 습부율 측정: 종류별 글루텐 무게 측정 및 습부율(%)을 구한다.
5. 글루텐 굽기: 180℃로 예열한 오븐에서 15분간 굽는다.
6. 건부(dry gluten)의 중량과 부피(mL)를 측정하여 비교한다.

습부율(%) = wet gluten 중량 / 50(밀가루 중량) × 100
[강력분 35% 이상, 중력분 25~35%, 박력분 25% 미만]

- 과정사진

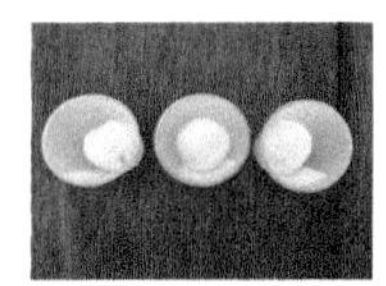
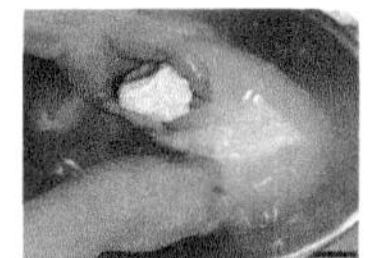
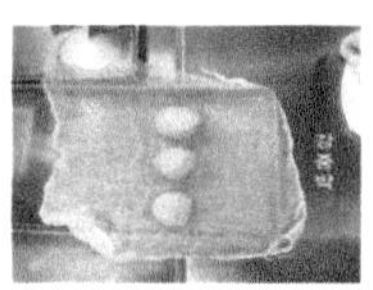

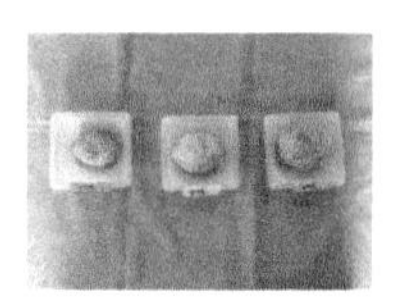

- 실험결과

시료		강력분	중력분	박력분
젖은 글루텐 중량(g)				
습부율(%)				
부피(mL)**				
관능평가*	젖은 글루텐			
	마른 글루텐			

* 관능평가는 묘사법으로 평가한다.
** 건조 글루텐의 부피는 채종법(1차 시 참조)으로 확인한다.

- 고찰
  - 밀가루의 종류를 구분하는 기준은 무엇이며, 그 기준 함량(건조중량%)에 대하여 알아본다.

[실험 4-2] 반죽방법이 쿠키제품에 미치는 영향_모양쿠키

실험일: 년 월 일

• 실험목적

- 밀가루 글루텐은 반죽하는 조작에 의해 망상구조를 형성하여 질긴 식감을 나타내는데, 글루텐 구성성분인 글리아딘은 탄성을, 글루테닌은 강도를 강하게 하기 때문이다.

글루테닌

- 본 실험에서는 동일한 박력분과 부재료를 혼합하되 반죽 횟수만 다르게 하여 진행한 두 가지 완성품의 비교분석을 통해 반죽의 젓는 횟수와 질감의 차이를 비교해 본다.

• key word : 글리아딘, 글루테닌

• 실험재료 및 기구

재료명	분량	재료명	분량
박력분	200g	물엿	20g
소금	1g	달걀	60g
버터	60g	바닐라에센스	1g
설탕	60g	노른자(덧칠용)	20g

〈기구〉 전자저울, 계량컵, 계량스푼, 머핀컵, 고무주걱, 거품기, 밀가루 체, 믹싱볼, 오븐

• 실험내용/방법_모양쿠키

1. 버터가 부드럽게 되도록 치대어 섞는다.
2. 설탕, 소금, 물엿을 같이 넣고 크림상태로 만든다.
3. 달걀을 3회 나누어 넣으면서 믹싱한 후 바닐라에센스를 혼합한다.
4. 3에 체친 박력분을 넣고 나무주걱으로 살짝 혼합한다.(10회 내외로 반죽최소화)

5. 4의 반죽을 시료A, B로 2등분한 후 시료A는 그대로 두고 시료B는 반죽을 100회 정도 치대어준다.
6. 성형: 작업대 위에서 각각의 반죽을 두께 0.5㎝로 균일하게 밀어 편 다음 모양틀로 찍어내거나 자른다.
7. 패닝: 2.5㎝ 간격으로 놓고 붓으로 노른자를 2회 바르고 조금 말려 무늬를 낸다.
8. 굽기: 180/160℃, 7~12분간 굽는다.
9. 완성품을 비교 관찰한다.

* 실험을 위해 기존 레시피에서 버터, 쇼트닝과 같이 글루텐 형성에 방해되는 시료는 줄이거나 제거하였음

• 과정사진

• 실험결과

▷ 젓는 횟수(strokes)에 따른 쿠키의 특성 비교

시료		A형(10strokes 내외)	B형(70strokes 이상)
외관	겉모양[1]		
	색[2]		
	표면[3]		

시료	A형(10strokes 내외)	B형(70strokes 이상)
텍스처[4]		
연한 정도[5]		
전반적 기호도[6]		

* 쿠키의 특성평가는 묘사법으로 기술한다.
  1) 묘사법: 대칭형인지, 둥근 모양인지, 치솟은 형태인지, 한쪽으로 기울었는지
  2) 묘사법: 크림색이 난다, 밝은 갈색이다, 짙은 황갈색이다.
  3) 묘사법: 표면이 거칠다, 부드럽다.
  4) 묘사법: 맛이 크리스피하면서 부드럽다, 질기고 딱딱하다.
  5), 6) 7점 척도: 부드러운 정도와 선호하는 정도를 숫자로 적는다.
  (1: 매우 그렇지 않다~7: 매우 그렇다)

- 고찰
  - 조리 시 밀가루의 종류를 선택하는 기준은 무엇인지 고찰한다.
  - 조리의 종류에 따라 밀가루의 반죽 시간과 방법이 달라야 하는 이유에 대해 고찰한다.

[실험 4-3] 밀가루반죽 숙성기간별 글루텐 형성과 식감 비교_칼국수

실험일: 년 월 일

- 실험목적
  - 숙성시간을 달리한 밀가루반죽 A, B를 통해 충분한 반죽시간, 반죽온도 및 숙성시간 여부가 중력분을 이용한 조리의 결과물에 어떤 영향을 미치는지 비교 분석한다.

칼국수

- key word : 밀가루반죽 숙성

- 실험재료 및 기구

재료명	분량	재료명	분량
반죽A		반죽B	
중력분	1C	중력분	1C
소금	0.5g	소금	0.5g
온수	60mL	찬물	60mL

공통 : 다시멸치 50g, 다시마 1쪽, 감자 1개, 애호박 1/3개, 대파 1/2대, 홍고추 1/2개, 청양고추 1개, 멸치액젓 15g, 소금 · 참기름 약간씩

〈기구〉 전자저울, 계량컵, 계량스푼, 냄비, 칼, 도마, 어레미, 스텐볼, 행주 등

- 실험내용/방법
  1. 반죽A: 뜨거운 물 60mL(4큰술)에 소금 0.5g 녹여 중력분 1컵에 붓고 충분히 치대어주며 반죽하여 랩 씌운 후 30분 이상 둔다.
  2. 육수 내기: 찬물 2리터에 멸치, 다시마 넣고 중불에서 가열한다. 끓으면 불 끄고 10분 뒤 걸러 멸치액젓(또는 까나리액젓) 1큰술 넣고 소금으로 간을 맞춘다.
  3. 부재료 준비: 홍 · 청고추, 대파 어슷썰고, 애호박 · 감자는 0.5cm 두께로 반달썰기한다.

4. 반죽B: 중력분 1컵에 찬물 4큰술, 소금 넣고 가루가 남지 않도록 반죽한다. (시료A 숙성시간이 5분 정도 남았을 때 진행)
5. 육수 끓이기: 육수를 2등분하여 두 곳에 올리고 감자, 애호박 넣어 끓인다.
6. 칼국수 만들기: 반죽A와 B를 밀방망이로 밀어 일정한 굵기로 썰어 끓는 육수에 각각 넣는다.
7. 완성 및 평가: 칼국수가 익으면 대파와 홍·청고추 넣고 참기름 두세 방울 넣어 불 끈 뒤 담아내고 관능평가를 통해 질감(텍스처), 완성품의 품질, 전반적 기호도를 비교한다.

• 과정사진

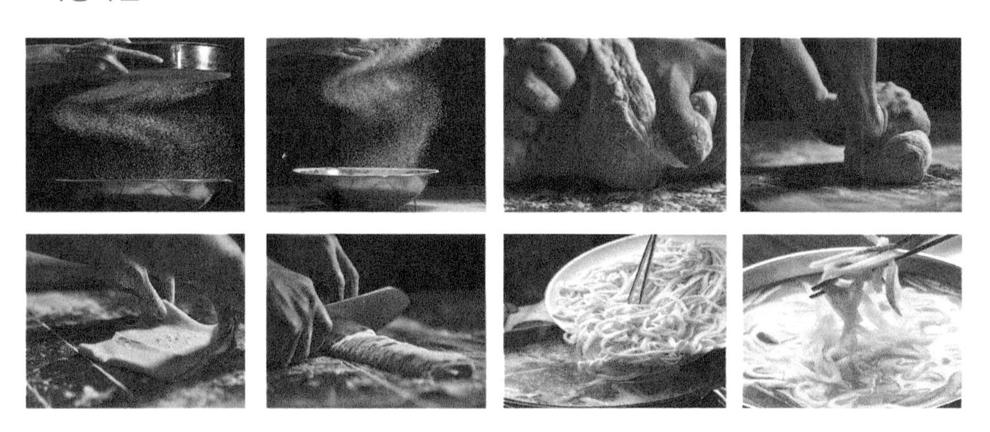

• 실험결과

▷ 반죽 시간과 특성 비교

시료	A형(충분한 반죽, 숙성시간 있음)	B형(가벼운 반죽, 숙성시간 없음)
익는 시간		
씹힘성 및 질감[2]		
외관(두께, 표면 등)[2]		

시료	A형(충분한 반죽, 숙성시간 있음)	B형(가벼운 반죽, 숙성시간 없음)
텍스처[2]		
전반적 기호도[3]		

* 칼국수면의 특성평가는 묘사법으로 기술한다.
1) 묘사법: 국물이 탁하며 맛이 텁텁하다. 국물이 맑고 시원하다 등
2) 묘사법: 딱딱하다. 부드럽다. 면이 퍼석하다. 질기다. 쫄깃하다. 목넘김이 부드럽다. 거칠다 등
3) 7점 척도: 선호하는 정도를 숫자로 적는다(1: 매우 그렇지 않다 ~ 7: 매우 그렇다).

- 고찰
  - 반죽의 방법과 숙성시간에 따른 차이가 완성품에 어떤 차이를 보이는지 알아 본다.

  - 반죽상태가 국물에 영향을 미치는지 여부에 대해 고찰해 본다.

[실험 4-4] 튀김옷 반죽방법이 완성품에 미치는 영향_고구마튀김

실험일: 년 월 일

• 실험목적

- 튀김옷 재료와 튀김온도에 따른 튀김의 질을 비교하고 바싹한 식감의 튀김을 위한 조건에 대해 이해한다.
- 튀김옷 반죽시기 및 물의 온도가 튀김에 미치는 영향을 분석한다.

고구마튀김

• key word : 튀김의 원리

• 실험재료 및 기구_고구마, 단호박 튀김

재료명	분량	재료명	분량
고구마	240g(120g×2)	물	300g(2/3C×2)
미니단호박	240g(120g×2)	튀김가루	200g(100g×2)
튀김기름	1L	얼음	적당량

〈기구〉 전자저울, 계량컵, 계량스푼, 냄비, 칼, 도마, 어레미, 스텐볼, 튀김냄비, 키친타월, 행주 등

• 실험내용/방법

1. 고구마는 세척 후 껍질 벗기고 5mm 두께의 일정한 크기로 썰어 2등분한다.
2. 미니단호박은 세척 후 반으로 잘라 씨 제거하고 5mm 두께로 썰어 2등분한다.
3. 반죽A: 물 2/3컵을 40℃로 데워 튀김가루 2/3컵을 넣고 충분히 풀어둔다.
4. 튀김기름을 180℃로 예열하고 튀김에 필요한 기물을 확인한다.
5. 빈죽B: 얼음으로 차갑게 한 냉수 2/3컵에 튀김가루 2/3컵을 넣고 가루가 5% 정도 남을 만큼 빠르게 풀어준다.

6. 반죽B 튀김: 준비한 고구마, 단호박 1/2에 가루 입힌 후 반죽B를 적셔 예열한 기름에 튀겨낸다.
   반죽A 튀김: 반죽B와 동일
7. 기름을 빼고 튀긴 직후와 튀기고 20분 후 색, 맛, 질감을 순위척도법으로 평가한다.

• 과정사진

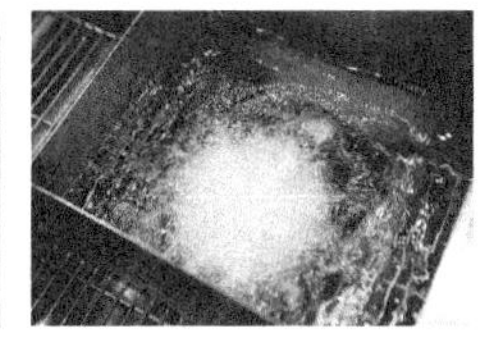

• 실험결과

시료	A(온수, 방치시간 있음)		B(냉수, 방치시간 없음)	
	튀긴 즉시	30분 경과 후	튀긴 즉시	30분 경과 후
튀긴 시간				
씹힘성 및 질감[1]				
튀김옷 두께, 표면[2]				
텍스처[2]				
전반적 기호도[3]				

* 1)~2) 묘사법/ 3) 7점 척도: 선호하는 정도를 숫자로 적는다. (1: 매우 그렇지 않다~7: 매우 그렇다)

• 고찰

- 반죽할 때 사용하는 물의 온도와 반죽 방치시간이 완성품에 어떤 차이를 보이는지 알아본다.

- 바싹한 튀김을 만들기 위해 준비되어야 할 것이 무엇인지 고찰한다.

[실험 4-6] 밀가루의 종류별 제빵성 비교_불고기베이크

실험일: 년 월 일

• 실험목적

- 발효를 통한 제빵의 원리를 이해한다.
- 다양한 조리를 빵에 적용하여 새로운 제빵 모델을 제시할 수 있는 역량을 기른다.
- 밀가루의 종류별 제빵성을 비교 관찰한다.

불고기베이크

• key word : 조리빵

• 실험재료 및 기구

실험재료

♠ 요구르트 도우
강력분(중력분, 박력분) 250g, 설탕 23g, 버터 20g, 생이스트 6g(드라이 3g), 미지근한 물 105g, 플레인 요구르트 50g(파우더는 20g+물 50g), 소금 4g

♠ 충전용 소
우둔 또는 살치살(슬라이스) 120g, 양파 1/4개, 피망(파프리카) 1/2개, 옥수수 70g, 피자치즈 200g, 마요네즈 5-10g, 전분 약 1tsp(쇠고기양념) 간장 1Tbsp, 설탕 1Tbsp, 다진 마늘 1/2t, 참기름 1t, 통깨 · 후추 약간씩

♠ 베이크
도우 약 456g, 충전용 소, 마요네즈 15g, 파슬리가루 약간 / 그 외 스리라차소스, 케첩, 마요네즈 등(선택)

준비기구

전자저울, 계량컵, 둥근 체, 믹싱볼, 소스팬, 나무주걱, 도마, 칼, 유산지, 오븐, 1회용 파이핑백

• 실험내용/방법

◉ 베이크용 요구르트 도우 제조(비상스트레이트법)

* 조별 밀가루의 종류를 달리한 후 품질 비교

1. 요구르트 도우용 재료를 각각 계량한다.
2. 미지근한 물 일부에 설탕 소량과 이스트를 넣어 녹여준다.
3. 버터는 부드러워지게 따뜻한 곳에 두고 강력분은 체에 한번 내려준다.

4. 재료를 넣고 혼합하다가 버터 넣고 잘 치대어 반죽한다.
5. 비닐팩을 덮어 발효시켜 준다(35℃ 발효실 기준 20~30분).

◉ 충전용 소 제조

1. 야채 손질 및 썰기: 양파, 버섯, 파프리카는 0.5×0.5cm 정도로 썰어 둔다.
2. 고기 썰기 및 양념: 슬라이스 고기는 0.7×0.7cm로 썰어 양념한다.
3. 고기를 센 불에 볶다가 양파, 피망 순으로 넣고 함께 볶아준다.(수분 제거 되도록 센 불 유지)

   (* 3에 전분 1작은술 정도 넣고 한번 더 볶아주면 살짝 뭉쳐져 소분 및 충전 용이)

4. 3에 물기 제거한 옥수수와 마요네즈 1작은술 넣고 모든 재료 고루 혼합-->6 등분으로 소분

◉ 베이크 성형 및 굽기

1. 발효시킨 도우를 약 73g×6개(또는 114g×4개)로 소분, 둥글리기 후 타원형으로 마무리한다.
2. 럭비공 모양으로 펼친 후 소분해 둔 소를 넣고 치즈의 1/2~2/3를 올려준다.
3. 소가 나오지 않게 여며주고 럭비볼형으로 모양을 잡아준다.
4. 성형한 3에 남은 치즈 토핑하고 마요네즈, 케첩 등을 가늘게 지그재그로 뿌려준다(1회용 파이핑백 이용).
5. 파슬리가루 올려 예열한 오븐(실습실 오븐 기준 170도)에서 15분 정도 구워낸다.

   * 요약 : 도우 1차 성형(럭비공형)–밀어 펼친 후 혼합소, 치즈(2/3) 넣고 모양 잡아 매끈한 면이 위로 가게 패닝–마요네즈, 치즈(1/3), 파슬리가루 뿌려 굽기(완성 후 스윗칠리소스, 허니머스터드 소스 등 가늘게 뿌려도 좋음)

• 과정사진

• 실험결과

[구운 온도(　　　℃)/구운 시간 (　　분)]

	강력분	중력분	박력분
풍미/외관			
빵의 식감			
빵의 품질			
전반적 상품성			

• 고찰

- 강력분, 박력분, 중력분으로 만든 완성품을 시식하며 차이점을 고찰한다.

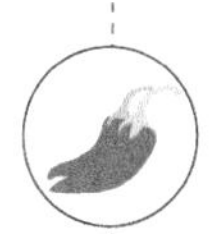

Chapter 5

당류

당류

Ⅰ. 이론

1. 당류의 특징

당은 단맛과 갈변현상에 관여하여 캔디, 캐러멜, 정과 등의 제조에 사용된다.

1) 감미도

과일이나 꿀은 과당, 설탕은 서당, 시럽은 전화당이 주성분으로 그 구성 당의 종류에 따라 각각 독특한 단맛을 가지고 있다. 과당은 단맛이 가장 크고 전화당, 자당(설탕), 포도당, 맥아당, 갈락토오스, 유당의 순으로 단맛이 감소된다.

2) 용해도

당류는 일반적으로 물에 잘 녹지만 단맛이 강한 과당이 가장 잘 녹고, 단맛이 약한 유당이 가장 잘 녹지 않는다.

3) 용해점

설탕을 가열하여 160℃가 되면 결정상태의 설탕이 액체로 되는데 이 온도를 융해점이라 하며, 순도와 당 형태에 따라 다르게 나타난다.

4) 흡습성

당류는 수분을 흡수하는 성질이 있다. 과당을 함유한 꿀과 전화당 또는 설탕을 넣은 케이크, 빵은 촉촉한 상태가 오래 유지된다.

5) 가수분해

① 산: 이당류인 설탕은 묽은 약산에 의해 쉽게 가수분해되나, 유당과 맥아당은 가수분해가 늦게 일어난다.

② 효소: 설탕은 전화효소(invertase)에 의해 가수분해되고 포도당과 과당이 1:1로 혼합된 전화당(invert sugar)을 생성하며 설탕보다 강한 단맛을 낸다.

③ 알칼리: 설탕(이당류)에 알칼리(베이킹소다)를 첨가하면 당류를 파괴시켜 갈색의 쓴맛이 나는 생성물을 얻어낸다.

6) 갈변현상

당을 가열하면 효소가 관여하지 않고 화학반응만으로 캐러멜 반응(caramelization)과 마이야르 반응(maillard reaction)에 의한 비효소적인 갈변현상이 나타난다.

① 캐러멜 반응(Caramelization) : 캐러멜 반응은 설탕을 170℃ 이상의 고온에서 가열하여 특유의 냄새를 갖는 흑갈색의 캐러멜을 형성하는 갈변현상이다. 약식과 춘장의 색은 캐러멜 반응에 의해 만들어진다.

② 마이야르 반응(Maillard Reaction) : 프랑스 화학자 루이스 카밀 마이야르(Louis Camille Maillard)가 단백질 연구 중에 발견했다. 포도당이나 설탕 등 환원당이 아미노산과 만나서 갈색 물질인 멜라노이딘(melanoidin)을 형성하는 화학반응으로 조리과정 중 색이 갈색으로 변하고 독특한 풍미가 난다. 간장, 된장의 갈변, 생두를 로스팅한 원두, 구운 양파, 구운 고기, 식빵 등 당류와 단백질을 함유한 식품이 가열 등에 의해 화학반응을 일으킨다.

TIP

- **효소적 갈변과 비효소적 갈변현상의 차이점**
  - 효소적 갈변이란 식품에 존재하는 폴리페놀화합물이 산화작용에 의해 갈색의 melanin 색소를 생성시키는 현상이다. 과일이나 야채 등의 껍질을 제거하여 공기에 노출되는 것이나, 홍차 · 보이차 등이 효소적 갈변에 해당된다. 효소적 갈변은 데치기 등 효소의 불활성화, 아스코르브산 등으로 갈변현상을 방지할 수 있다.
  - 비효소적 갈변이란 식품의 가공, 저장, 조리에 있어서 효소가 관여하지 않고 화학반응에 의해 나타나는 현상이다. Amino-carbonyl 반응, 당류의 가열에 의한 캐러멜화 반응, 유지의 산화나 가열에 의한 갈변, 아스코르브산의 분해에 의한 착색, 폴리페놀류의 산화에 의한 갈변, 육색소 미오글로빈에 의한 갈변 등이 있다.

출처: 식품과학기술대사전

- **백설탕을 오래 두어도 색이 변하지 않는 이유는?**

  설탕은 안정된 화합물로 이루어져 산소와의 반응을 일으키거나, 변색이 잘 되지 않는다. 또한, 설탕은 화학적 반응을 일으키기 때문이다. 단, 설탕 외에 다른 성분(소금, 방부제 등)과 섞여 있을 경우는 색이 변할 수 있다.

7) 설탕 용액의 비점(Boiling Point)과 빙점(Freezing Point)

설탕이 녹아 있는 물은 순수한 물을 끓일 때보다 더 높은 온도에서 끓기 시작하고, 0℃보다 낮은 온도에서 얼기 시작한다. 따라서 설탕 용액의 비점은 높고, 빙점은 순수한 물보다 낮다. 이러한 특성을 이용하여 캐러멜, 얼음 크림 등을 만든다.

8) 가열온도에 의한 변화

설탕 용액은 가열온도에 따라 〈표 5-1〉과 같이 물성이 변하므로 용도에 맞게 이용하여야 한다.

〈표 5-1〉 설탕용액의 가열온도에 따른 변화

가열온도	상태변화	용도
80~110℃	시럽	시럽
110~120℃	물엿 정도의 경도를 가짐	폰당(40℃로 급속 냉각 후 빨리 저음)
120~130℃	단단하지만 연함	소프트 캔디(캐러멜, 마이쭈 등)
130~140℃	단단하고 눌러도 모양이 변하지 않음	빠스 등(실 뽑기)
140~160℃	단단하여 깨지기 쉬움	갈색 엿
160~180℃	갈색	캐러멜 색소

9) 기타

설탕은 전분의 노화를 억제하고 50% 이상의 설탕 용액은 효모나 세균의 번식을 억제하는 방부성을 가지고 있으므로, 껍질 벗긴 과일을 설탕물에 넣으면 효소적 갈변을 방지한다. 또한, 이스트 발효 때 당을 첨가하면 알코올과 탄산가스의 형성을 활성화하여 빵 반죽을 부풀게 한다.

2. 당을 이용한 조리

1) 숙실과

생강즙, 밤, 대추를 다져 설탕과 꿀에 조리고 다시 생강, 밤, 대추 모양으로 빚어 잣가루를 묻혀낸 생란, 율란, 조란이 있고, 생강, 밤, 대추를 모양 그대로 설탕 시럽에 조린 후 계핏가루와 잣가루를 뿌린 생강초, 밤초, 대추초 등이 있다.

2) 정과

설탕과 물엿을 이용하여 만든 시럽에 연근, 도라지, 인삼, 생강 등을 넣어 조리면, 맛과 윤기, 저장성을 높인 연근정과, 도라지정과, 인삼정과, 생강정과 등을 만들 수 있다. 물엿을 설탕과 함께 넣으면 결정 형성을 방해하고, 부드러운 식감을 가지게 된다.

3) 젤리

젤라틴을 녹인 후 산과 당, 펙틴의 성질을 가진 과일즙을 넣고 가열하여 젤리(jelly)를 만든다. 가열 중 설탕을 2~3회 나누어 넣는다.

4) 빠스

'실을 뽑다'라는 뜻을 가진 빠스는 캐러멜화 과정을 거친 시럽에 튀긴 고구마, 바나나, 밤 등의 재료를 넣고 버무려낸 중식 디저트이다.

5) 캔디

당 용액은 용매에 녹아 있는 양에 따라 불포화, 포화, 과포화용액으로 구분된다. 과포화용액은 용매에 녹는 양보다 용질의 양이 많아 젓거나 충격을 주면 결정이 형성된다. 이러한 원리로 과포화된 설탕 용액을 100℃ 이상으로 가열한 후 냉각시켜 결정형 캔디와 비결정형 캔디를 제조할 수 있다.

① 결정형 캔디: 과포화 설탕 용액이 결정화되는 성질을 이용하여 만든 것을 결정형 캔디라고 한다. 결정형 캔디의 가열온도는 폰당(fondant) 114~117℃, 퍼지(fudge) 112~120℃, 디비너티(divinity) 122~127℃이다.

② 비결정형 캔디: 과포화 설탕 용액에 결정 형성을 방해하는 물질을 넣거나 고열을 가하면 결정 형성에 방해되어 비결정형 캔디가 만들어진다. 비결정형 캔디에는 누가(nougat), 캐러멜(caramel), 브리틀(brittle), 태피(taffy), 토피(toffee), 마시멜로(marshmallow) 등이 있다.

3. 당 결정화에 영향을 주는 요인

1) 용액의 성질

용액을 이루는 용질의 종류에 따라 다른 결정을 형성한다. 포도당은 서서히 결정이 형성되고, 설탕은 빨리 결정이 형성된다.

2) 용액의 농도

설탕 용액의 농도가 높을수록 핵이 많이 생기고 결정이 잘 된다.

3) 용액의 온도

당 용액을 일정한 온도로 식힌 다음 빠르게 저어주면 핵이 쉽게 형성되면서 결정화가 매끈하게 잘 진행된다. 식히지 않고 높은 온도에서 저으면 용액의 유동성이 커서 설탕분자의 이동이 쉬워지기 때문에 결정의 크기가 크고 거칠게 형성되므로 바람직하지 않다.

4) 교반

과포화 설탕 용액을 저어주면서 쉽게 핵이 형성되므로 결정화가 되고, 온도를 내려 빠른 속도로 저어주면 미세한 결정이 형성된다. 시럽을 끓이면서 저으면 핵이 형성되어 결정화되므로 젓지 말고, 폰당 같은 결정형 캔디를 제조할 때는 계속 저어 미세한 결정을 형성한다.

5) 용액의 순도

용액에 용질 외 다른 물질이 들어가면 순도가 낮아지면서 작은 결정이 형성된다.

6) 결정 형성 방해물질

흰자, 젤라틴, 시럽, 꿀, 우유, 크림, 초콜릿, 한천, 유기산, 전화당 등은 과포화용액의 결정 형성을 방해한다.

Ⅱ. 실험실습

[실험 5-1] 설탕의 캐러멜화 정도별 품질 비교_땅콩캐러멜

실험일:　　년　　월　　일

• 실험목적

- 설탕을 녹는점 이상의 고온으로 가열하면 당의 탈수반응과 함께 자당이 포도당, 과당으로 분해되고 여러 단계의 화학반응을 거쳐 새로운 분자들로 재결합하며 풍미를 지닌 갈색 물질을 형성하는데 이를 캐러멜화 반응(Caramelization)이라 한다. 본 실험에서는 설탕의 캐러멜화 정도가 땅콩 캐러멜의 품질에 미치는 영향을 분석하고 캐러멜화 온도에 따른 질감과 조직감을 평가해 본다.

캐러멜

• key word : Caramelization

• 실험재료 및 기구

실험재료			
생크림	400mL(200mL × 2)	설탕	200g(100 g × 2)
물	100g(50g × 2)	땅콩버터	40g(20g × 2)
소금	2g(1g × 2)	물엿	40g(20g × 2)
준비기구			
전자저울, 계량컵, 계량스푼, 믹싱볼, 고무주걱, 비접촉식 온도계, 볶음팬, 일반 조리도구, 종이호일 또는 유산지			

• 실험내용/방법_땅콩캐러멜

본 실험은 팀별 진행 기준이며 1인이 진행할 경우는 A를 먼저 완성한 후 B를 시작한다.

1. 냄비 2개에 각각의 생크림을 붓고 약불에서 50℃로 데워둔다.
2. 다른 냄비 2개에 각각 설탕과 물을 넣고 가열한다.
3. A : 설탕의 온도가 130℃가 되면 약불로 하고 데운 생크림을 3~4회 나누어 넣는다.

   B : 설탕의 온도가 180℃가 되면 약불로 하고 데운 생크림을 3~4회 나누어 넣는다.
4. 각각의 냄비에 물엿을 넣고 약불에서 되직하게 가열 후 땅콩버터, 소금을 넣고 재빨리 섞는다. 되직해질 때까지 끓인다.
5. 종이호일 또는 유산지에 붓고 식힌다.(냉장온도 기준 2시간)
6. 한 김 식은 캐러멜을 먹기 좋은 크기로 썰어준다.
7. 실험결과표를 작성한다.

• 과정사진

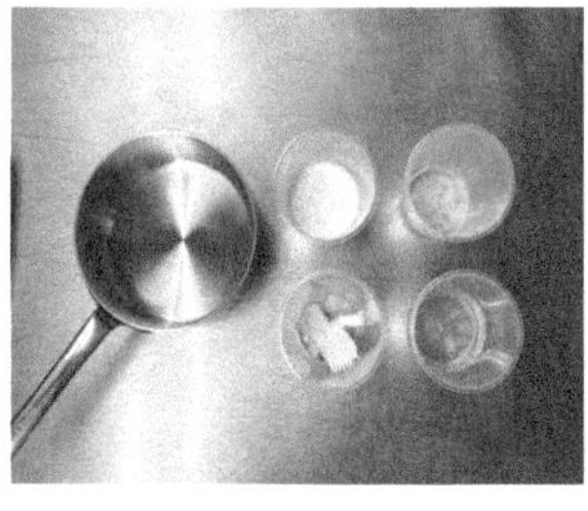

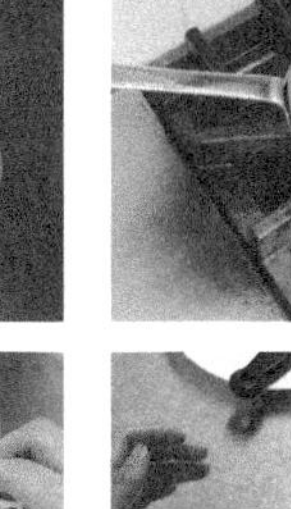

• 실험결과

	A	B
완성품의 총무게*		
외관(색, 두께 등)*		
맛*		
질감*		
입안에서의 텍스처*		
전반적 기호도**		

*묘사법/**순위법

• 고찰

- 설탕의 녹는점에 대해 알아본다. 또한 설탕 가열 시 온도 변화(100℃, 102~165℃, 168℃, 180℃, 186℃, 210℃ 이상)에 따른 색, 맛, 풍미의 변화를 고찰해 본다.

- 캐러멜화 실험에 투입되는 생크림이나 우유의 마이야르 반응과 캐러멜 반응의 차이에 대해 고찰한다.

[실험 5-2] 소다 첨가에 따른 브리틀의 품질 비교_땅콩브리틀

실험일: 년 월 일

- 실험목적
  - 브리틀(brittle) 제조 시 중조(탄산나트륨)를 첨가했을 때와 첨가하지 않았을 때의 색과 맛, 풍미 그리고 부서지는 정도 등을 비교해 보고 중조의 역할에 대해 연구한다.

https://search.pstatic.net/common/?src=http%3A%2F%2Fshop1.phinf.naver.net%2F20220502_280%2F1651461639886rU70O_JPEG%2F52597482581055911_923809784.jpg&type=sc960_832

- key word : brittle과 중조

- 실험재료 및 기구_땅콩브리틀

실험재료			
설탕	2C(1C×2)	바닐라에센스	2t(1t×2)
물엿	1C(1/2C×2)	중조	1/2tsp
버터	1Tbsp(1/2Tbsp×2)		

[응용조리 : 설탕 1C×2, 물엿 1/2C×2, 버터 1/2Tbsp×2, 소금 1tsp×2, 바닐라에센스 1tsp×2, 중조 1/2tsp, 볶은 땅콩 1C]

준비기구
전자저울, 계량컵, 계량스푼, 고무주걱, 비접촉식 온도계, 일반 조리도구

- 실험내용/방법

1. 냄비에 설탕 1C+물엿 1/2C+물 1/4C을 넣고 약한 불에서 녹이고 그 후 불을 강하게 하여 143~165℃까지 온도가 올라가도록 끓인다. 단, 젓지 않도록 한다(실험A, 실험B 2회 진행).
2. 실험A(중조 미사용)
   1) 1의 재료가 캐러멜화되면 불을 끄고 버터 1/2Tbsp+소금 1tsp + 바닐라에센스 1tsp을 잘 섞는다.

2) 버터 바른 팬이나 접시에 얇고 고르게 퍼지도록 붓는다.

3) 식어서 손으로 만질 수 있으면 가장자리를 들어서 늘린 다음 사각형으로 잘라 평가한다.

3. 실험B(중조 사용)

1) 1의 재료가 캐러멜화(185℃)되면 불을 끄고 버터 1/2Tbsp+소금 1tsp + 바닐라에센스 1tsp을 섞고 중조 1/2tsp를 재빨리 첨가하여 잘 섞는다.

2) 버터 바른 팬이나 접시에 얇고 고르게 퍼지도록 붓는다.

3) 식어서 손으로 만질 수 있으면 가장자리를 들어서 늘린 다음 사각형으로 잘라 평가한다.

* 시럽을 끓이면 점점 큰 거품이 생기는데 계속 가열하면 거품이 작아지고 색은 갈색으로 변한다. 거품이 아주 작아지면 시럽의 온도를 측정한다.

* 중조를 첨가하면 탄산가스가 생성되어 다공질로 만들어진다.

• 과정사진

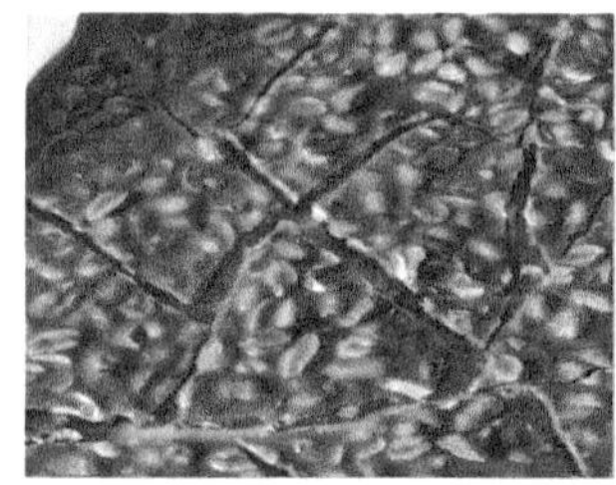

• 실험결과

	A	B
맛*		
두께/색*		
풍미*		

	A	B
내부기공		
단단한* 정도		
전반적** 바람직성		

* 묘사법/** 순위법

- 고찰
  - 설탕의 Caramelization 시점에서 소다 첨가 탄산가스 생성과정과 제품에 미치는 영향에 대하여 고찰한다.

 [실험 5-3] 물엿 첨가에 의한 정과의 품질 비교_연근, 도라지정과

실험일:　　년　　월　　일

• 실험목적

- 정과는 수분이 적은 뿌리, 줄기, 열매를 설탕이나 꿀에 조린 것이다. 본 실험에서는 설탕만 사용한 정과와 설탕과 물엿을 함께 사용한 정과의 완성품을 비교해 본다.
- 이를 통해 물엿이 연근정과 및 도라지정과의 조직감에 미치는 영향을 알아보고자 한다.

연근/도라지정과

• key word : 정과의 원리

• 실험재료 및 기구_연근, 도라지정과

실험재료	
A-B	연근(A) 150g, 통더덕(또는 통도라지, B) 150g, 식초 1큰술, 물 2C, 설탕 100g, 물엿 100g, 치자 1개, 소금 1g /설탕 50g, 콩가루(선택)
C-D	연근(C) 150g, 통더덕(또는 통도라지, D) 150g, 식초 1큰술, 물 2C, 설탕 150g, 꿀 1큰술, 백년초 1개, 소금 1g //설탕 50g, 콩가루(선택)
준비기구	
칼, 도마, 스텐볼, 냄비 4개, 체망, 저울, 계량컵, 타이머	

• 실험내용/방법

1. 연근과 통더덕(또는 도라지)는 껍질 제거한 후 연근은 0.7cm 두께로, 통더덕은 작은 것은 그대로 굵은 것은 길이로 2등분하여 소금물에 담가둔다.
2. 치자, 백년초를 각각 으깨어 미지근한 물 1/4컵씩 부었다가 체에 걸러둔다.
3. 냄비에 물 4컵, 식초 넣어 끓으면 연근(A, C), 더덕(B, D)을 각각 약 10초간 데쳐 찬물에 헹군다(총 4회).

4. 냄비1[A-B]과 냄비2[C-D]에 각각 준비한 연근, 더덕, 물, 설탕, 소금을 넣고 끓인다(센 불/뚜껑 닫음).
5. 끓기 시작하면 [약불/뚜껑 열고] 냄비1[A-B]은 물엿, 치자물을, 냄비2[C-D]는 백년초물을 넣어 약불에서 조린다. 거품 걷어가며 투명하게 조리다가 냄비2[C-D]는 끝 무렵 꿀을 넣고 잠시 더 조려낸다(약불/뚜껑 열고).
6. 완성품은 체에 밭쳐 남은 시럽을 제거한 후 설탕 살짝 입혀 꾸덕꾸덕하게 더 말린다.
7. 완성된 색, 맛, 조직감은 묘사법으로 평가하고, 전체적인 기호도는 순위척도법으로 평가한다.

* 꾸덕꾸덕하게 말릴 시간이 없을 경우 콩가루 입혀 평가

* 본 실험은 물엿 추가 여부에 따른 식감 위주의 실험으로 더덕과 연근을 함께 조렸으나 향이나 각각의 맛이 섞일 수 있으므로 조건이 된다면 A, B, C, D를 각각 조리는 것이 바람직하다.

- 실험결과

시료	조린 시간 (분)	외형 (색, 윤기 등)	맛	조직감	전체적인 기호도
A					
B					

- 고찰

- 이용한 정과의 원리에 대하여 고찰한다.

- 물엿 투입 여부가 정과의 품질에 어떤 영향을 미치는지 고찰한다.

[실험 5-4] 재료별 정과 완성품의 품질특성_꽃정과

실험일: 년 월 일

- 실험목적

  - 동일 배합비율의 당류배합 조건에서 재료를 달리하여 실험한 후 재료별 완성품을 비교 분석한다. 이를 통해 조리된 재료별, 용도별 정과의 적정 조리방법 및 가열시간을 실험을 통해 익힌다.

- key word : 정과 특성 비교

- 실험재료 및 기구_사과, 당근, 감자정과

실험재료
감자 1개, 홍옥 1개, 당근 1개, 소금 15g 설탕 200g, 물엿 720g, 치자 10g, 딸기레진 5g, 녹차레진 5g, 잣 15g
준비기구
냄비 3개, 저울, 계량컵, 타이머, 체, 스텐볼, 일반 조리도구(칼, 도마, 행주 등)

- 실험내용/방법

  1. 설탕물엿시럽: 냄비에 물엿, 설탕 넣고 가열하여 설탕이 녹아 투명해질 때까지 끓인다.
  2. 감자정과(A)
     1) 감자는 껍질 제거 후 두께 0.2cm로 반달썰기하여 찬물에 담가 녹말을 뺀다.
     2) 물을 올려 끓으면 소금 소량 넣고 감자를 살짝 데쳐 물기를 제거한다.
     3) 데친 감자에 설탕시럽 1/4분량을 넣고 약불에서 2분간 가열하고 불을 끈다.
     4) 뜨거운 시럽에 그대로 2시간 내외로 두었다가 건져 시럽 제거하고 돌돌 말아 모양을 만든다.

3. 홍옥정과(B)
   1) 중조로 씻어 헹군 사과는 껍질째 반으로 썰어 씨 제거하고 결대로 얇게(두께 0.2cm) 썰어준다.
   2) 1)의 홍옥에 준비한 설탕물엿시럽을 1/4 넣고 약불에서 2~3분 가열한 후 불 끄고 그대로 2시간 내외로 담가둔다(수분이 많아지면 시럽만 걸러 끓여 수분 제거 후 담가두기).
   3) 홍옥을 건져 시럽 제거하고 말아 꽃모양을 만든다.
4. 당근정과(D)
   1) 껍질 벗겨 손질한 당근은 길이로 홈을 판 후 꽃모양으로 돌려깎기한다.
   2) 당근과 설탕물엿시럽 1/4을 넣고 약불에서 3~5분 가열한 후 불 끄고 그대로 2시간 내외로 담가둔다.(수분이 많아지면 시럽만 걸러 끓여 수분 제거 후 담가두기)
   3) 당근을 건져 시럽 제거하고 말아 꽃모양을 만든다.
5. 완성된 결과물별로 색, 맛, 조직감은 묘사법으로, 전체적인 기호도는 순위척도법으로 확인한다.

- 과정사진

- 실험결과

시료	감자정과(A)	홍옥정과(B)	단호박정과(C)	당근정과(D)
가열 시간				
시럽 담금시간				
색				
맛				
조직감				
전체적 바람직성				

- 고찰
  - 정과 제조에서 설탕과 물엿의 적정 비율이 계절별로 차이가 있는지, 있다면 적정비율은 계절별로 어떻게 다른지 고찰해 본다.

  - 본 실험을 통해 재료에 포함된 수분과 섬유질의 함유 정도가 정과의 조리방법에 어떤 영향을 주는지 고찰해 본다.

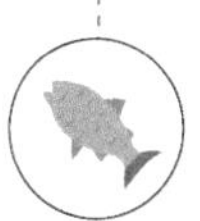

Chapter 6

유지류

CHAPTER

유지류

Ⅰ. 이론

1. 유지의 특성

1) 구조

유지류는 대부분 중성지질(Triglyceride)로 상온에서 액체(oil), 고체나 반고체(fat) 형태로 구분된다. 자연 중에 존재하는 지방산은 대부분 짝수의 탄소를 가지며, 분자 중에 이중결합의 유무에 따라 포화지방산과 불포화지방산으로 나눈다. 동물성 지방에는 포화지방산인 팔미트산, 스테아르산이 많고, 식물성 기름에는 불포화지방산인 올레산, 리놀레산이 많이 함유되어 있다.

2) 발연점(Smoke Point)

유지는 가열 시 일정 온도에 도달하면 지방산과 글리세롤로 분해되며, 이 온도를 발연점이라 한다. 기름을 고온에서 계속 가열하면 글리세롤은 다시 아크롤레인으로 분해되어 푸른 연기가 발생되기 시작하는데, 이 온도를 발연점이라 한다. 아크롤레인 성분의 연기는 자극성이 강한 냄새와 맛으로 몸에 해롭다.

TIP

유지와 발연점 관계

유지의 종류에 따라 발연점은 다르므로 튀김으로 사용하는 기름은 발연점이 높은 것을 선택한다. 기름 팬은 표면적이 넓을수록 발연점이 낮아지므로, 좁고 깊은 것을 사용한다. 그리고 튀김기름은 유리지방산의 함량이 높고, 가열시간이 길어지거나, 이물질이 들어가거나, 기름의 사용횟수가 증가될수록 발연점이 낮아진다.

3) 가소성(Plasticity)

지방의 가소성은 본래의 모양을 유지하는 능력으로 퍼짐성과 관련이 있다. 실온에서 고체를 유지하고 있는 지방은 결정 안에서는 액체 오일의 망상구조로 이루어져 있어 부러지지 않고 다양한 모양으로 온도에 따라 변한다. 따뜻하게 하면 버터, 마가린, 쇼트닝은 가소성이 높아져 부드럽고 퍼짐성을 가진다. 불포화도가 높을수록 가소성은 낮아지고, 식물성 유지는 유동성이 좋아 물과 글루텐의 결합을 방해한다. 가소성을 활용하여 아이싱, 패스트리 등 제과 · 제빵에 유용하게 사용된다.

4) 유화(Emulsion)

서로 다른 성질의 두 액체 물질이 혼합되는 상태를 유화라 한다. 유지는 물에 녹지 않으나 친수성기와 소수성기를 갖고 있는 유화제와 반응하여 유화액이 된다. 대표적인 천연유화제에는 레시틴(lecithin), 담즙산, 단백질 등이 있다. 합성 유화액에는 모노 · 디글리세리드, 소르비톨 지방산 에스테르 등이 있다. 유화를 이용한 제품에는 마요네즈, 프렌치드레싱, 소스, 아이스크림 등이 있다.

(1) 수중유적형(Oil in Water Emulsion: O/W형)

물속에 기름이 분산된 상태로 우유, 마요네즈 등이 대표적이다.

(2) 유중수적형(Water in Oil Emulsion: W/O형)

기름 속에 물이 분산된 상태로 버터, 마가린 등이 이에 속한다.

TIP

마가린은 어떻게 만들어지나요?

불포화지방산은 니켈 촉매에 의해 이중결합하여 포화도가 증가하고 지방의 녹는점이 상승하면서 상온에서 고체화가 된다. 이러한 현상을 수소화(경화)라 하며, 버터 대용으로 마가린과 쇼드닝을 제조할 때 이용된다. 수소화가 되는 과정에서 이중결합이 시스형에서 트랜스형으로 변화되어 동물성 포화지방과 비슷한 형태를 가지게 되고, 건강상의 문제를 일으킬 수 있다.

2. 유지의 조리

기름은 음식물의 휘발성 성분과 지용성 성분을 녹여 음식의 향미를 증진한다. 버터, 마가린, 쇼트닝 등은 대체로 쿠키, 빵을 만들 때 사용되고, 특유의 향을 가진 기름에는 참기름, 들기름, 버터, 올리브유 등이 있는데 주로 나물, 샐러드, 볶음 등에 사용된다. 향기 성분은 휘발성이므로 무침, 샐러드, 소스 등에 사용할 경우 요리의 마지막 조리단계에 넣는다. 옥수수유, 대두유 등은 끓는점이 대부분 180~200℃까지 올라가고 비열이 낮아 음식을 빨리 익힐 수 있어 튀김이나 볶음요리에 주로 사용된다.

1) 쇼트닝성

스콘, 비스킷, 쿠키, 파이 등이 폭신하거나 무르지 않고 쉽게 부서지게 하는 성질을 쇼트닝성이라 한다. 버터, 마가린, 쇼트닝 등이 밀가루와 섞일 때 얇은 코팅을 형성하여 글루텐 생성을 방해하여 완성된 쿠키가 입안에서 바삭한 식감을 준다.

2) 크리밍성

파운드케이크, 머핀 등을 오븐에서 구울 때 팽창하면서 부풀게 만드는 것을 크리밍성이라 한다. 반죽할 때 버터에 설탕을 넣고 공기를 하얗게 잘 포집할 수 있도록 해야 좋은 크리밍성을 얻을 수 있다.

3) 튀김

(1) 튀기는 과정

튀김은 재료에 따라 150~200℃의 고온에서 단시간 조리한다. 튀김 재료의 수분이 급격히 증발하고 기름이 흡수되어 바삭바삭한 질감을 가지며 영양소나 맛의 손실이 적다.

튀김 조리 시 〈표 6-1〉과 같이 3단계 조리과정으로 진행된다.

〈표 6-1〉 **튀김의 3단계 조리과정**

1단계 (수분 이동)	식품에 고온의 기름이 흡수되면 식품 표면의 수분이 수증기로 증발되고, 식품 내부의 수분이 식품 표면으로 이동된다. 이때 형성된 식품 표면의 수증기는 뜨거운 기름에서 식품이 타지 않도록 보호해 주고, 기름이 흡수되는 것을 막아준다. 하지만 일부의 기름은 수분이 달아나는 기공을 통해 흡수된다.
2단계 (껍질 현성)	튀김 열에 의해 마이야르 반응이 일어나 식품의 표면이 갈색(껍질형성)이 되어 먹음직스럽게 된다.
3단계 (내부 조리)	기름의 열이 내부로 전달되어 식품이 완전히 익게 된다.

(2) 튀김옷

튀김옷의 밀가루는 글루텐 함량이 적은 박력분 또는 중력분과 전분을 혼합하여 사용하는 것이 좋으며, 튀김옷을 반죽할 때 젓가락을 이용하여 글루텐의 형성을 최소화한다. 튀김반죽에 사용하는 물의 1/4~1/3을 달걀 흰자로 대체하면 글루텐 형성을 낮출 수 있으며, 단백질이 열에 응고되면서 수분을 방출시켜 튀김이 단단하고 바삭해진다. 설탕을 첨가하면 마이야르 반응의 갈색화가 증진되고 글루텐을 연화하여 수분의 증발을 도와주어 튀김옷이 바삭해진다.

(3) 튀김기름

튀김기름은 발연점이 높아야 하며 식품의 향에 영향을 덜 주는 식물성 기름이 적당하다(〈표 6-2〉 참고). 정제하지 않은 올리브유, 참기름은 튀김용으로 사용이 어렵고, 정제된 대두유, 옥수수유, 면실유가 튀김기름에 적합하다.

〈표 6-2〉 유지의 발연점

유지종류	발연점(℃)	유지종류	발연점(℃)
정제 대두유	256	비정제 대두유	210
정제 면실유	233	사용한 라드	190
정제 낙화생유	230	유화제 함유 쇼트닝	177
정제 옥수수유	227	비정제 참기름	175
버진 올리브유	190	비정제 올리브유	175
코코넛유	175	비정제 낙화생유	162

(4) 튀김의 적정 온도와 시간

튀김에 적당한 온도와 시간은 일반적으로 180℃ 정도에서 2~3분이지만, 식품의 종류와 크기, 튀김옷의 수분 함량 및 두께에 따라 다르다. 기름의 온도가 너무 낮거나 시간이 길수록 당과 레시틴 같은 유화제가 함유된 식품의 경우 수분의 증발이 일어나지 않으나 기름이 재료에 많이 흡수되어 튀긴 음식이 질척해지고 흡유량도 많아진다. 반대로 기름의 온도가 너무 높으면 속이 익기 전에 겉이 타게 된다.

〈표 6-3〉 재료에 따른 튀김의 평균 시간과 온도

재료	튀김시간(분)	튀김온도(℃)
도넛	3	160
고구마	1~2	150~170
어패류	1~2	175~180
감자튀김	2~3	180~190
돈까스	1차: 8~10	165
	2차: 1~2	190~200
양파	1	190~200

(5) 기타

튀김 재료 10배 이상의 기름 사용이 적당하며, 한꺼번에 재료를 넣으면 온도가 낮아진다. 동시에 재료의 수분이 증발하여 기화열을 빼앗기므로 기름의 온도가 저하된다. 한번에 넣고 튀기는 재료의 양은 튀김 냄비 기름 표면적의 1/3~1/2 이내로 하여 비열이 낮은 기름의 온도 변화를 적게 하여야 맛있는 튀김이 완성된다.

또한 튀김 냄비는 직경이 작고 두꺼운 금속용기를 사용하면 온도 변화를 줄일 수 있다.

TIP

■ **아이오딘가(Iodine value)란?**

- 아이오딘가란 유지 100g당 흡수되는 아이오딘 g수이며, 불포화지방산이 많은 액체 유지의 지표로 사용되고 있다.
- 아이오딘가 분류
  - 130 이상: 건성유(공기 중에서 쉽게 굳음); 들기름, 겨자유
  - 100~130: 반건성유(건성유와 불건성유 중간 성질); 대두유, 면실유, 참기름, 옥수수유, 해바라기유
  - 100 이하: 불건성유(공기 중에서 굳지 않음); 올리브유, 피마자유, 낙화생유 등

■ **냉장고에 올리브유 등 액체 유지를 넣으면 하얗게 고체가 되는 이유는?**

액체 유지는 실온에서는 굳지 않으나 냉장고에 보관하면 지방산의 결정으로 인해 하얀 결정이 된다. 하얀 결정이 된 액체유를 실온으로 옮기면 결정이 사라진다.

Ⅱ. 실험실습

[실험 6-1] 유지의 쇼트닝성_초코칩쿠키

실험일: 년 월 일

• 실험목적

초코칩쿠키

- 고형유지의 쇼트닝성은 유지 자체의 성질, 유지의 양, 온도, 반죽의 정도, 투입되는 난황의 비율 등에 어떤 영향을 받는지 관찰한다.
- 또한 본 실험은 고형유지의 양을 달리한 반죽의 결과물 비교를 통해 유지의 쇼트닝성이 쿠키의 품질에 미치는 영향을 알아보고자 한다.

• key word : 유지의 쇼트닝성

• 실험재료 및 기구

실험재료					
	시료A	시료B		시료A	시료B
무염 버터(무염 마가린)	80g	40g	설탕	50g	50g
소금	1.5g	1.5g	코코아가루	8g	8g
쇼트닝	25g		초코릿칩	60g	60g
박력분	110g	110g	달걀	27g(0.5개)	80g(1.5개)
베이킹파우더	2.5g	2.5g			

준비기구
전자저울, 계량컵, 계량스푼, 믹싱볼, 고무주걱, 휘핑기 또는 핸드믹서, 파운드케이크틀 4개(2개는 뚜껑용임), 오븐, 타이머, 일반 조리도구, 쿠키용 포장지

* 버터, 쇼트닝은 따뜻한 실온에 보관했다가 사용

• 실험방법/내용

- 시료A, 시료B를 각각 아래의 순서대로 진행한다.

1. 베이킹파우더, 코코아가루, 박력분을 혼합하여 체에 내려둔다.

2. 녹인 버터, 쇼트닝에 설탕 넣고 거품기로 저어주다가 달걀을 2~3회로 나누어 넣고 휘핑한다(잔류 설탕입자가 느껴지도록 크리밍화).
3. 2에 1을 넣고 재빨리 혼합하다가 초코칩(60g)을 가볍게 섞는다.
4. 반죽을 물 묻힌 숟가락으로 떠서 간격을 두고 지름 3~4cm 크기로 철판에 얹는다.
5. 시료A, 시료B를 각각 170~180℃로 예열된 오븐에 8~12분 구워 꺼낸 후 식힌다.
6. 단면의 색, 기공모양 등의 성상을 관찰하고 텍스처나 풍미 등의 관능평가를 실시한다.

- 과정사진

〈참고〉 초코칩 대신 콘플레이크나 다진 호두를 넣으면 호두쿠키, 콘플레이크 쿠키가 된다.

- 실험결과

항목	내용
중량(g)	
외관*	

항목	내용
맛*	
질감*	
향미*	
전반적 선호도**	

* 묘사법/ ** 7점 척도법: 1-매우 싫다~7-매우 좋다

- 고찰
  - 유지의 쇼트닝 작용에 영향을 미치는 요인을 확인하고 요인별 어떤 영향을 주는지 고찰한다.

[실험 6-2] 고체유지의 크리밍성_옥수수머핀

실험일: 년 월 일

• 실험목적

- 고형유지는 교반함에 따라 공기가 주입되는 성질(크리밍성)이 있어 케이크, 머핀 등 제과의 제조에 이용된다.
- 본 실험은 크리밍성을 이용한 반죽과 이용하지 않은 반죽의 결과물 비교를 통해 크리밍성이 머핀의 품질에 미치는 영향을 살펴본다.

크리밍성

• key word : 크리밍성

• 실험재료 및 기구

실험재료			
박력분	200g(100g×2)	베이킹파우더	4g(2g×2)
소금	2g(1g×2)	달걀	200g(100g×2)
버터	220g(110g×2)	옥수수분말	70g(35g×2)
설탕	200g(100g×2)	스위트콘	80g(40g×2)

준비기구
전자저울, 계량컵, 계량스푼, 머핀컵, 고무주걱, 거품기, 밀가루 체, 믹싱볼, 오븐

* 버터는 따뜻한 실온에 보관했다가 사용

• 실험방법/내용

〈반죽A〉

1. 박력분, 베이킹파우더, 옥수수분말을 체로 친다.
2. 버터를 실온에서 부드럽게 한 후 설탕, 소금을 같이 넣고 휘핑한다. (거품기 이용)
3. 달걀을 3회로 나누어 넣으면서 부드러운 크림형으로 믹싱한다(크리밍화).
4. 체친 1을 넣고 가볍게 섞으면서 스위트콘도 재빨리 혼합한다.
5. 반죽을 머핀컵에 위생지 깔고(또는 은박지컵) 60% 채운다.

6. 굽기; 180/160℃, 25분 구워 결과물을 분석한다.

〈반죽B〉

1. 박력분, 베이킹파우더, 옥수수분말을 체로 친다.
2. 버터에 설탕, 소금, 달걀을 모두 혼합한다.
3. 2에 체친 1과 스위트콘을 넣고 가볍게 혼합하여 머핀컵에 위생지 깔고 60% 채운다.
4. 굽기; 180/160℃, 25분 구워 결과물을 분석한다.

• 과정사진

•실험결과

항목	반죽A	반죽B
중량(g)		
외관*		
맛*		

항목	반죽A	반죽B
질감*		
향미*		
전반적 선호도**		

* 묘사법/ ** 7점 척도법: 1-매우 싫다~7-매우 좋다

• 고찰

- 크리밍성이 유지의 성상에 미치는 영향에 대해 고찰한다.

[실험 6-3] 튀김온도별 탈수율, 흡유율 비교_감자튀김

실험일: 년 월 일

- 실험목적
  - 재료별 적정 튀김 온도와 튀김 시간이 다름을 이해한다.
  - 또한 튀김온도가 감자튀김의 탈수율, 흡유율에 어떤 영향을 미치는지 알아보고 적정 감자튀김의 온도와 시간을 실험을 통해 확인한다.

감자튀김

- key word : 튀김에서의 흡유율, 탈수율

- 실험재료 및 기구

실험재료
냉동감자 300g, 튀김기름 1리터
준비기구
전자저울, 튀김도구(온도계, 튀김냄비, 튀김망, 튀김저), 타이머, 일반 조리기구, 키친타월

- 실험내용/방법
  1. 냉동감자는 냉장상태로 준비하여 100g씩 각각 3등분한다.
  2. 각 시료는 튀기기 전 무게를 측정한 다음 조건별(A.130℃/ B.160℃/ C. 190℃)로 예열한 식용유에 투입하여 튀긴다.
  3. A, B, C의 각 튀김온도에 냉동감자 넣고 시간을 재며 밝은 갈색이 되도록 튀긴다. 1분 후 중량을 잰다(중량 변화율 계산).

※ 중량 변화율(%)=[(튀긴 후의 시료 중량(g)–튀기기 전 시료 중량(g)]/튀기기 전 시료 중량(g)]×100
※ 흡유량(%)= 튀김 전 기름의 중량(g) – 튀긴 후 기름의 중량(g)
※ 탈수율(%)= [튀김 전 시료 중량–{튀긴 후의 시료 중량(g)–흡유량(g)}/튀김 전 시료 중량(g)]×100

• 실험결과

온도 \ 내용	튀기기 전 중량(g)	튀긴 후 중량(g)	중량변화율(%)	흡유량(g)	탈수율(%)
130℃	100				
160℃	100				
190℃	100				

온도 \ 내용	외관(색) (묘사법)	바삭한 정도 (순위법)	기름진 정도 (순위법)	전반적 기호도 (7점 척도)
130℃				
160℃				
190℃				

* 묘사분석법 [7점 척도: 선호하는 정도를 숫자로 적는다(1: 매우 그렇지 않다~7: 매우 그렇다).]

• 과정사진

 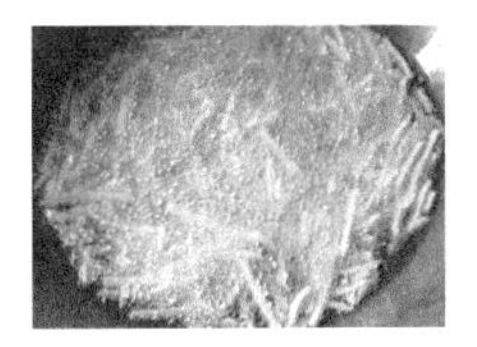  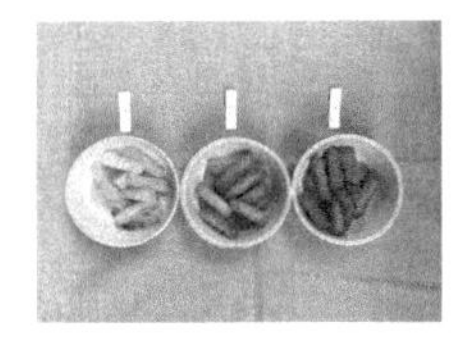

• 고찰

- 감자튀김의 튀김온도별 중량변화율을 살펴본 후 튀김기름의 온도가 튀김의 품질에 미치는 영향에 대하여 고찰해 본다.

- 튀김의 종류별 적정 튀김온도와 적정 튀김시간에 대해 알아본다.

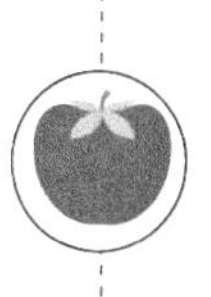

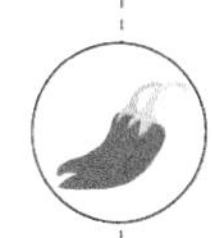

Chapter 7

두류

CHAPTER 7

두류

Ⅰ. 이론

두류는 단백질과 지방의 급원 식품이다. 두류의 종류에 따라 지방과 단백질 함량이 높은 것으로는 대두, 땅콩이 있으며, 지방 함량이 낮고 탄수화물이 높은 것으로는 팥, 녹두, 완두, 동부콩이 있으며, 비타민 C가 풍부하고, 채소 성분에 가까운 것으로는 풋콩, 풋완두콩 등이 있다.

1. 두류의 특성

1) 흡습성(흡수)

① 콩을 물에 담가 불리면 조리시간을 25% 단축할 수 있고, 콩의 헤미셀룰로오스와 펙틴질의 조직을 균일하게 연화, 팽윤할 수 있다.

② 두류의 흡수 속도는 대체로 콩의 저장 기간, 보존 상태, 물의 온도, 침적액의 종류와 양에 따라 달라진다.

③ 콩을 침지하는 수온은 높을수록 흡수 속도가 빨라지는데 60~80℃에서는 콩의 연화가 어렵고, 90℃에서는 연화 시간이 단축된다.

④ 물에 0.3% 탄산소다를 넣거나 0.2% 탄산칼륨 또는 탄산나트륨을 섞으면 물의 흡습성이 증가한다.

⑤ 주요 대두 단백질인 글리시닌(Glycinin)은 중성염 용액인 소금에 녹는 성질이 있어 소금물의 연화성이 증가된다.

⑥ 대두는 종류에 따라 흡수 속도는 다르지만 팥보다는 같은 조건일 때 물의 흡수 속도, 흡수량이 높다.

TIP

팥을 삶을 때, 불리지 않고 바로 삶는 이유는?

통팥 내부 조직에는 전분이 많아 수분을 쉽게 흡수하므로 껍질만 연해지면 미리 물에 불려 두지 않아도 빨리 연해질 수 있기 때문에 바로 가열하여 껍질을 연화시키는 것이 좋다. 왜냐하면 다른 콩과는 달리 팥은 껍질이 충분히 물을 흡수하기도 전에 배꼽 부분 안쪽으로 물이 흡수되어 껍질보다 먼저 내부의 자엽이 부풀기 때문에 껍질이 갈라져 배 갈라짐 현상이 일어나기 때문이다. 이때 내부의 전분이나 그 밖의 성분이 불리는 물속에 용출되어 나오므로 맛이 떨어지고 쉽게 부패한다. 한편 팥밥처럼 색을 중시하는 경우 너무 오래 물에 불리면 팥의 적색이 물에 용출될 수 있다.

2) 가열에 의한 변화

① 대두를 가열하면 종피(콩의 껍질)는 물을 흡수하면서 팽윤한다.

② 자엽(콩의 속살)은 팽윤이 느리기 때문에 주름이 생기므로 이를 방지하기 위해 설탕, 소금물에 담가 팽윤하여 가열하면 빠른 연화와 주름을 막을 수 있다.

③ 중조 등을 넣은 알칼리성 물을 가열하면 조직은 다른 용액에 비해 빠르게 연화되나 맛이 나빠지고, 알칼리 작용에 의해 비타민 B_1의 영양성분이 파괴된다.

④ 대두를 삶을 때 사포닌(Saponin) 성분 때문에 다량의 거품이 발생된다.

⑤ 대두를 삶을 때 압력솥 등을 이용하면 가열시간이 단축되고 식감을 좋게 해준다.

⑥ 콩을 삶으면 대두 단백질의 펩티드 결합이 풀리면서 단백질 분해효소가 내부 구조까지 들어가기 수워지면서 소화성을 높여준다.

⑦ 날콩 속에 함유되어 있는 트립신 저해물질(trypsin inhibitor)과 적혈구를 응집시키는 헤마글루티닌(hemaglutinin) 등의 저해물질은 기능이 상실되어 단백질의 이용률을 증가시킨다.

⑧ 메주콩을 삶으면 색이 짙어지는데 이것은 비효소적인 아미노카르보닐 반응(amino carbonyl reaction) 때문이다.

TIP

대두를 단시간에 삶는 방법

- 압력솥 이용: 압력솥의 내부온도는 115~125℃의 고온으로 단시간에 가열하여 대두를 연화할 수 있다. 단, 대두를 충분히 물에 불린 후 가열하면 대두의 성분 손실을 줄일 수 있다.
- 묽은 식염수 이용: 묽은 식염수 1~2%에 담갔다 가열하면 빨리 연해진다.
- 알칼리 물질 이용: 대두를 0.3%의 식소다를 첨가한 물에 담그면 표피와 콩조직의 셀룰로오스(cellulose)와 헤미셀룰로오스(hemicellulose)가 연화되어 흡수, 팽윤이 촉진된다. 가열하면 연화성이 증가하나, 티아민 등의 영양 손실이 초래된다.

3) 용해성과 응고성

① 수용성인 글리시닌과 레구멜린은 대두 단백질의 80% 이상을 차지한다.

② 대두는 물에 불려 물과 함께 갈으면 90%까지 용출되는 뛰어난 용해성을 가지고 있다.

③ 간 대두는 칼슘염이나 마그네슘염에 응고된다(두부 제조).

④ 대두 중의 일부 지질, 당, 유리아미노산 등이 단백질에 싸여 있어 응고를 돕는다.

4) 산화

① 대두에는 불포화지방산인 리놀레산(linoleic acid)과 리놀렌산(linolenic acid)이 많이 함유되어 있다.

② 지질산화효소 리폭시게나아제가 있어 공기 중의 산소와 만나면 콩 비린내(헥산알)가 난다.

③ 콩과 콩나물을 삶을 때 뚜껑을 닫고 삶거나 두유 제조 시 불린 콩을 살짝 삶아 가는 것도 리폭시게나아제를 산소와 차단하여 콩의 비린내를 억제하기 위함이다.

2. 두류의 조리

두류를 이용한 식품으로는 간장, 된장, 청국장 등과 같은 발효식품, 두부, 두유, 콩기름 등 콩의 일부 성분을 추출하여 만든 식품, 콩을 발아시켜 싹을 틔운 콩나물, 숙주 등이 있고, 떡이나 미숫가루에 이용되는 콩가루, 고물, 소 등으로 다양하게 사용된다. 이뿐만 아니라 콩은 의약품, 화장품, 기타 공업용 원료 등으로 다양하게 사용되고 있다.

1) 발효식품

(1) 간장, 된장

대두 발효식품인 간장, 된장은 예로부터 전해 내려온 우리나라 전통 조미식품으로 간장의 '간'은 소금의 짠맛, 된장의 '된'은 '되다'라는 뜻이다. 콩을 쪄서 메주를 만들어 숙성시간을 거친 후 소금물을 첨가하여 발효시킨 여액은 간장으로 하고, 나머지는 된장으로 만들어 이용하였다.

(2) 고추장

고추장은 간장, 된장과 함께 대표적인 발효 조미식품으로 탄수화물의 가수분해로 생성된 당류의 단맛과 단백질이 분해되어 생성된 아미노산의 감칠맛과 고추의 매운맛, 소금의 짠맛 등이 어우러져 만들어진 발효식품이다.

(3) 청국장

청국장은 가을부터 이듬해 봄에 만들어 먹는 콩 발효식품으로 삶은 콩과 마늘, 파, 고춧가루, 소금 등을 넣어 볏집에 올려둔다. 그러면 볏집의 바실러스균에 의해 청국장 특유의 향과 감칠맛을 가지게 된다. 발효에 의해 실과 같은 점액성 물질의 납두균(Bacillus subtilis)이 생성된다. 조리 시 오래 가열하면 유익균이 파괴되므로 마지막 단계에 넣는다.

(4) 기타

우리나라의 청국장과 유사한 콩 발효식품으로 일본에서는 Bacillus natto를 이용한 '낫또'가 있고, 인도네시아에는 콩을 물에 불려 껍질을 벗겨 익힌 콩에 템페의 종균을 섞어 만든 템퍼가 있다. 템퍼는 콩에 종균을 섞어 둥글게 빚은 뒤 바나나 껍질로 싸서 1~2일 동안 30℃에 발효한 것이다. 템퍼는 주로 간장을 발라서 굽거나, 얇게 썰어 튀겨서 수프와 함께 먹는다.

2) 비발효식품

(1) 콩나물(발아)

콩나물은 중간 크기 정도의 대두를 골라 45~50℃에서 3~4시간 수침시킨 뒤 여러 번 세척한다. 그리고 구멍이 뚫린 깊은 용기에 천을 깔고 대두를 골고루 펴 놓는다. 빛을 차단하기 위해서 천으로 덮은 뒤 23℃로 유지시킨 후 하루에 3~4번 물을 준다. 일주일 정도 되어 싹이 나와 길이가 8cm 정도 되면 제품화할 수 있다. 콩나물은 장소와 계절에 관계없이 단시간에 재배할 수 있어 경제적인 영양식품으로 오랫동안 식용되어 왔으며 무기질을 많이 함유하고 있다. 또한, 발아함으로써 비타민 C, 카로틴 및 아스파트산과 글루탐산의 양이 증가하며, 복부 팽만감을 일으키는 올리고당과 피트산을 발아하는 동안 분해된다. 콩나물국은 아스팔테이트의 전구체인 아스파라긴이 다량 함유되어 있어 숙취에 콩나물국이 좋다는 것이 과학적으로 입증되었다.

(2) 두유

우리나라에서는 두유를 콩국이라 하며 예로부터 여름에 음료나 국수를 말아 먹기나 유당불내증 유아의 대용식품으로 이용되어 왔다. 두유는 모유나 우유에 비해 단백질 함량은 높으나 메티오닌(Methionine)과 지방 함량이 부족하다. 두유를 만들 때, 콩을 덜 삶으면 비린내가 나고 너무 오래 삶으면 메주콩 냄새가 나므로 적절히 삶아야 고소한 맛이 난다.

(3) 두부

두부는 콩을 물에 불려 분쇄한 후 끓여서 불용성 성분을 제거하고 응고제를 넣어 대두 단백질인 글리시닌을 대두의 유지성분과 함께 응고시킨 것을 압착한 것이다. 제조과정 중 불용성 단백질과 상당량의 탄수화물 및 지방질은 여과시킬 때 비지로 제거되며, 나머지 지방과 당은 단백질 응고 시 두부 속에 포함된다.

① 두부 제조원리

대두 중의 수용성 단백질인 글리시닌(glycinin)의 성분을 산이나 알칼리 금속염을 이용하여 응고하는 원리이다. 천연응고제 간수가 있고, 그 외 응고제로 가장 흔히 황산칼슘($CaSO_4$)을 사용하는데 대두의 2~4%를 첨가한다. 그리고 염화칼슘($CaCl_2$), 염화마그네슘($MgCl_2$), 황산마그네슘($MgSO_4$), 글루코노델타락톤(glucono-δ-lactone) 등이 있다.

두부 제조과정

대두 씻기(불순물 제거)
⇩
물에 불리기(대두 부피 2.5배)
⇩
마쇄(대두 2배의 물 첨가)
⇩
증자(대두의 10~13배 물 첨가 끓이기(소포제(식용유) 소량 첨가)
⇩
착즙(압축, 여과: 비지와 두유 분리)
⇩
응고(두유 70~80℃, 응고제 첨가)
⇩
압착 및 성형(응고물 압착)
⇩
수침(2~3시간 물 침지 후 냉각 및 과잉 응고제 추출)

② 두부 응고제의 특성

가. 염화칼슘($CaCl_2$): 지효성(遲效性)이고, 물에 잘 녹지 않고 잘 가라앉으며 빨리 탈수되고, 풍미가 나쁜 특징이 있으며, 주로 튀김 두부 제조에 사용된다.

나. 염화마그네슘($MgCl_2$): 속효성(速效性)으로 응고와 탈수가 빠르고 두부의 풍미와 맛이 좋다.

다. 황산칼슘($CaSO_4$): 다른 응고제보다 수율이 좋고, 두부 조직이 부드럽고, 색이 좋다. 그러나 물에 잘 녹지 않아 사용이 불편하고 쓴맛이 난다.

라. 글루코노델타락톤(GDL): 백색의 결정성 분말 또는 결정의 형태로 용해도가 매우 높다. 단백질의 농도에 따른 강도의 변화가 적은 편이다. 황산칼슘, 염화칼슘, 염화마그네슘 등의 두부응고제는 염류에 의한 응고반응이고, 글루코노델타락톤은 물에 균일하게 녹아 분해되어 글루콘산이 되는데 이는 산에 의한 응고반응이다. 지효성(遲效性)이며, 수율과 보수성이 높으나 두부의 풍미가 다소 떨어진다. 두부의 표면이 매끈하고 부드러워 순두부, 연두부, 비단두부 등의 제조에 주로 이용된다.

〈표 7-1〉 두부 응고제의 첨가 온도와 장단점

종류	첨가온도(℃)	장점	단점
천연간수	75~80	다양한 무기염류 섭취 가능함	염류의 순도와 수율이 낮음
염화마그네슘 ($MgCl_2$)	75~80	속효성(빠른 응고반응)이며, 탈수가 빠르고, 보수력, 풍미와 맛 우수함	수율 낮고, 압착 시 물이 잘 빠지지 않음
염화칼슘 ($CaCl_2$)	75~80	보수력 크고, 압착 시 물이 잘 빠짐	물에 잘 녹지 않고 가라앉으며, 수율이 낮고, 거칠며 단단함
황산칼슘 ($CaSO_4$)	80~85	두부의 보습력과 색상이 좋고, 탄력적이면서도 연한 조직감을 가짐	맛이 떨어지고 찬물에 용해도가 작으며 사용이 불편함
글루코노델타락톤 (GDL)	85~90	사용 편리하고, 균일하게 녹음. 응고력 좋고, 수율이 높음	신맛이 약간 나며, 약한 조직감과 비싼 가격

TIP

- **간수란?**

  간수는 응고제로 바닷물 또는 소금물에서 염화나트륨(NaCl)을 결정화시켜 제거한 뒤 남은 액을 말한다. 주성분은 염화마그네슘($MgCl_2$), 황산칼슘($CaSO_4$), 황산마그네슘($MgSO_4$) 등으로 구성되어 있다.

- **두부 1모(340g) 만드는 데 필요한 콩은?**

  콩 약 100g 필요. 콩알 개수는 약 500~550개

(4) 기타 두류 식품

기타 두류 식품으로 콩단백질식품과 콩조직 단백분이 있다. 콩단백질식품은 단백질 함량에 따라 콩가루, 콩농축 단백분, 콩분리 단백분 등이 있다. 콩단백질의 특징은 수분과 기름 흡수력, 결합능력, 응집성, 겔 형성능력, 유화력 등이 있어 소시지, 햄버거 고기, 치즈, 커피크림 등의 가공식품과 여러 가지 빵에 이용된다. 가공식품에 콩단백질식품을 첨가하면 영양가는 향상되고 식품의 가격을 낮출 수 있다. 콩조직 단백분은 여러 형태의 크기와 색깔이 다양하여 미립자, 큰 덩어리, 플레이크 형태로 제품화되어 나오고 있다. 콩조직 단백분은 육류와 같은 조직감을 가진 인조육으로 육류대체품으로 사용되고 있다.

Ⅱ. 실험실습

[실험 7-1] 염에 의한 콩단백질 응고 원리_일반두부

실험일: 년 월 일

• 실험목적

- 염류(간수, $MgCl_2$, $CaCl_2$, $CaSO_4$ 등)를 이용한 두부 제조의 원리를 이해한다.
- 또한 팀별 다른 염류로 두부를 제조한 후 응고제의 종류에 따른 두부의 수율과 질감, 맛의 차이 등을 비교한다.

두부

• key word : 글리시닌, 콩단백질의 응고

• 실험재료 및 기구

실험재료			
대두	250g	응고제3_$MgCl_2$	5g(+물 50g)
응고제1_간수	35g	응고제4_$CaCl_2$	5g(+물 50g)
응고제2_$CaSO_4$	5g(+물 50g)		

준비기구	
계량도구	전자저울, 계량컵, 계량스푼
일반 조리도구	볼 4개, 큰 냄비 2개, 두부틀, 체, 광목주머니(시아주머니), 나무주걱, 블렌더

* 조별 실습을 진행할 경우 응고제를 각각 다르게 하여 진행(불리기 전 콩무게 기준 간수는 13%, 나머지 건조 응고제는 2% 정도 준비
* 대두 외 서리태나 쥐눈이콩도 실험 가능

• 실험내용/방법_두부제조

1. 대두수침: 대두 250g을 씻은 후 물 1,000mL를 붓고 하룻밤 담가둔다.
2. 콩 갈기: 불린 콩과 콩 불린 물을 함께 블렌더에 넣고 간다.(너무 곱게 갈지 않으면 두유와 비지가 잘 분리되지 않으므로 고운 모레 같은 입자가 살짝 남아 있을 정도로 갈기)

3. 물 올리기 및 응고제 준비: 물 500ml 가열하기 및 응고제($MgCl_2$, $CaCl_2$, $CaSO_4$)를 물에 녹인다.

* 물을 별도로 1리터 준비

4. 간 콩(두미) 가열: 3의 끓는 물에 두미 붓고 잘 저어가며 7~10분 가열한다. (끓기 시작하면 거품이 생겨 넘치기 쉬우므로 불을 약하게 조절하거나 물을 조금씩 부어 거품을 가라앉힌다).
5. 두유와 비지 분리: 면주머니에 4의 두미 넣고 짜서 콩국물(두유)과 비지로 분리한다. (너무 뜨거워 짜기 힘들 땐 얼음물 1리터 정도를 면주머니 안에 나누어 부어가며 진행한다.)
6. 두유가열/응고제 투입: 두유를 눋지 않도록 저어가면서 가열하여 80~90℃가 되면 불 끄고 응고제를 3~4회로 나누어 넣으면서 천천히 조심스럽게 섞어 7분 내외로 그대로 방치한다.
7. 성형: 75℃ 이하로 내려가기 전에 면보자기를 깐 두부 틀에 6을 붓고 무게를 가하여 성형한다.
8. 응고제 용출시키기: 성형된 두부는 찬물에 1시간 정도 담가 여분의 응고제를 용출시킨 뒤 중량을 측정하고 비교 관찰한다.

- 과정사진

• 실험결과

▷ 대두 수침 전후의 중량변화

시료	수침 전 중량(g)	수침 후 중량	중량 변화율(%)

* 중량 변화율(%) = [(수침 후 중량–수침 전 중량)/수침 전 중량]× 100

▷ 응고제에 따른 두부의 관능적 특성 및 수율

결과	응고제명 :	응고제명 :
두부 무게(g)		
수율(%)		
자른 단면*		
색**		
맛***		
질감****		

*묘사법: 거칠다, 기공이 치밀하다, 매끈하다 등을 적는다/ **묘사법

***선호하는 정도를 숫자로 적는다. (7점 척도 1: 아주 나쁘다~7: 아주 좋다)

****순위법: 부드러운 순으로 적는다.

수율(%) = 두부의 무게(g) / 원래 대두의 무게(g) × 100

* 응고제를 넣는 두유의 온도: 염화칼슘($CaCl_2$) 75~80℃, 황산칼슘($CaSO_4$) 80~85℃

- 고찰
  - 두부 제조 시 응고제의 역할에 대해 알아본다.
  - 두부 응고제 종류에 따른 두부의 특성과 차이를 알아본다.
  - 완성된 두부를 수침하여 응고제를 용출시키는 이유에 대해 고찰해 본다.

[실험 7-2] 산에 의한 콩단백질 응고 원리_비단두부

실험일:　　년　　월　　일

▶ 실험 7-2 한국산업인력공단 식품가공기능사 실기 문항

• 실험목적

- 콩 단백질인 글리시닌과 레규멜린은 마그네슘염과 칼슘염 등 염류의 속효성 응고제 외에 글루코노델타락톤(GDL) 같은 산성의 지효성 응고제에도 반응한다. 연두부, 순두부, 비단두부 등의 제조과정을 이해하고 산에 의한 응고 원리를 이용하여 두부를 제조해 본다.

비단두부

• key word : 두부 응고제, 비단두부

• 실험재료 및 기구

실험재료	
대두	250g
GDL	5g

준비기구	
계량도구	전자저울, 계량컵, 계량스푼
일반 조리도구	볼 2개, 큰 냄비, 두부틀, 체, 광목주머니(시아주머니), 나무주걱, 블렌더

• 실험내용/방법_비단두부 제조

1. 수침　　백태 세척 후 물 붓고 15시간 정도 불린다.(콩 250g + 물 1000g)
2. 마쇄　　불린 콩(500g)에 물(600g) 붓고 갈아준다(=두미)
   * 2분 → 2분 → 2분/고운 모래 같은 입자 느껴질 정도로
3. 1차 가열　　물 500g 미리 가열한 후 두미 넣고 7~10분 중불로 가열 후 약불
   (거품 발생 시 식용유 소량 첨가)
4. 비지분리/두유 계량　　가열한 두미를 면포로 여과하여 비지와 두유로 분리
   → 두유 무게 계량

5. 간수량 계산/ GDL 용해	① 간수량 계산 : 두유 무게 × 0.6% = GDL무게 예) 두유 650g이면 650 × 0.006 = 3.9g(약 4g) ② GDL 계량 및 용해: GDL 1g당 물 10g 넣어 용해 예) GDL 4g 필요하면 물 40g에 녹여 사용
6. 2차 가열 및 간수 첨가	95℃ 되면 불 끄고 90~95℃에서 GDL 첨가 → 5초 정도 교반
7. 응고	약 7~10분 정도 그대로 두기 * 두유가 75℃ 이하로 식기 전에 성형해야 함.
8. 성형/압착	면포 깔아 둔 성형틀에 붓고 상하로 움직여 모서리 부분까지 채움 → 무거운 것으로 눌러(두부 양에 따라 1~5kg 무게로) 약 15~20분간 둔다.
9. 침지	볼에 물 준비하여 면포째 두부를 담갔다가 면포, 두부 분리
10. 담기	담아내고 결과지를 정리한다.

* GDL 투입량 계산이 어려울 땐 건조콩 기준 1.8%를 준비하여 10배의 물에 풀어 사용

• 실험결과

응고제 \ 결과	GDL
두부 무게(g)	
수율(%)	

응고제 \ 결과	GDL
자른 단면*	
색**	
맛***	
질감****	

*묘사법: 거칠다, 기공이 치밀하다, 매끈하다 등을 적는다/ **묘사법 : 흰색, 회백색 등
***선호하는 정도를 숫자로 적는다. (7점 척도 1: 아주 나쁘다~7: 아주 좋다)
****순위법: 부드러운 순으로 적는다.

- **고찰**
  - 산에 의한 두부 제조의 원리를 정리해 본다.
  - GDL로 응고시킨 두부의 수율과 질감, 맛이 일반 두부와 어떤 차이가 있는지 고찰한다.

TIP

국가기술자격 실기시험문제

자격종목	식품가공기능사	과제명	[시험1]우유 품질검사 [시험2]두부제조

※ 문제지는 시험 종류 후 본인이 가져갈 수 있습니다.

비번호		시험일시		시험장명	

※ 시험시간 : 3시간 30분(시험1: 30분, 시험2: 3시간)

1. 요구사항

※ 지급된 재료 및 시설을 사용하여 아래 작업을 완성하시오.

1) 시험1(30분) 우유 품질검사

가) 식품의 기준 및 규격에 의거하여 아래의 항목을 검사하시오.

나) 검사시료 10mL를 가하여 산도 검사를 하시오.
(단, 0.1N수산화나트륨액 1mL=0.009g 젖산으로 계산하시오.)

다) 검사시료 2mL를 알코올법으로 검사하여 신선도를 판정하시오.

라) 작업 완료 후 실험결과를 적은 답안지를 제출하시오.

* 우유의 품질검사 시험시간은 30분이며 그 안에 신선도 검사(알코올 검사)와 산도 검사 진행.
우유 신선도는 신선도 판정 기준과 판정결과를 기재해야 하고 산도검사는 산도 검사과정 계산 방법을 적고 답을 기재해야 함

2) 시험2(3시간) 두부제조

가) 주어진 두부를 크기에 맞추어 감독위원이 제시하는 크기와 수량으로 두부를 제조하시오.
(단, 재료의 손실 및 폐기는 최소화하여 작업하시오.)

나) 불린 콩의 물기를 빼고 건져내시오.

다) 믹서기를 사용하여 물을 조금씩 넣으면서 두미를 만드시오.

라) 적정량의 물을 솥(냄비)에 넣어 끓이고, 여기에 두미를 넣어 잘 저어주면서 끓이시오.

마) 끓이는 동안 거품이 끓어 넘치지 않게 소포제로 식용유를 소량 사용하시오.

바) 끓인 두미는 삼베주머니(여과포)에 바로 넣고 짜서 두유와 비지를 분리하시오.

사) 85~90℃로 가열하고, 두유량 0.6% 정도의 응고제를 넣어 응고시키시오.

아) 삼베주머니(보자기)를 깐 두부상자(또는 플라스틱 소쿠리)에 담아 압착 및 성형하시오.

자) 작업 완료 후 응고제 사용량을 적은 답안지를 제출하시오.

출처: 한국산업인력공단

♠ 실험재료를 이용한 요리실습_두부전, 비단두부샐러드

▷ 두부전

두부전 재료(3~4인용)
두부, 소금, 후추, 밀가루, 달걀, 식용유, 양념장(간장 2큰술, 다진 파 1/2큰술, 다진 마늘 · 참기름 · 설탕 · 깨소금 각 1작은술, 고춧가루 1/2큰술)

준비기구
볼, 프라이팬, 뒤집게, 칼, 도마, 접시, 수저 등

1. 두부를 크기 3×4cm, 두께 0.7cm 정도로 썰어 소금 뿌려두었다 물기를 제거한다.
2. 양념장을 분량대로 혼합한다.
3. 1의 두부에 밀가루 입혀 식용유 두른 뜨거운 팬에 올려 노릇하게 굽는다.
4. 구운 두부를 접시에 담고 양념장을 올려 낸다.

▷ 비단두부샐러드

비단두부샐러드 재료
비단두부, 소금, 후추, 전분(밀가루), 슬라이스 치즈, 토마토, 발사믹드레싱, 어린잎 채소, 식용유/ 선택-달걀

준비기구
볼, 프라이팬, 뒤집게, 칼, 도마, 접시, 체, 수저 등

1. 데칠 물 올리고 재료 씻어 물기 제거한다.
2. 토마토 끝에 열십자로 칼집 살짝 넣어 끓는 물에 데쳐 찬물로 헹궈 껍질 제거 후 0.5cm 두께의 반달형으로 슬라이스한다.
3. 슬라이스 치즈는 열십자로 사등분해 둔다.
4. 비단두부는 썰어 둔 토마토와 비슷한 크기로 썰어 소금, 후추 뿌리고 전분(밀가루) 입혀 구워 식힘(달걀 입혀도 좋음).
5. 접시에 비단두부, 치즈, 토마토 순으로 겹쳐 담고 어린잎 채소를 위(또는 아래 깔기)에 올린다.
6. 발사믹드레싱 뿌려 낸다.

[실험 7-3] 조리방법에 따른 콩의 품질 비교_콩조림

실험일: 년 월 일

• 실험목적

- 동일한 양의 콩과 양념을 준비한 후 동일 화력과 동일 조리도구를 이용하되 양념의 첨가 순서만을 달리하여 만든 콩조림의 품질 특성을 통해 콩조림의 원리를 이해하고, 식은 후에도 딱딱하지 않고 부드러운 식감을 유지하는 바람직한 콩조림 방법을 알아본다.

콩조림

• key word : 콩조림 원리

• 실험재료 및 기구

실험재료
서리태 200g(60g×4), 다시마 4장(5×5cm), 진간장 60g(15g×4), 설탕 20g(5g×4), 물엿 30g(7g×4), 올리브유 20g(5g×4), 통깨 & 참기름 적량
준비기구
전자저울, 계량컵, 계량스푼, 메스실린더, 스톱워치, 냄비, 어레미, 스텐볼, 체, 주걱 등

• 실험내용/방법_콩조림

1. 콩은 씻어 물 3배 부어 하룻밤(여름은 6시간) 불리고 건져 100g씩 4등분하고 진간장, 설탕, 물엿, 올리브유도 분량대로 4개씩 계량하여 시료 A, B, C, D로 나눈다.
2. A_콩과 물 2.5컵, 다시마 1장 넣고 15분간 가열(중불) ▶ 진간장 넣고 10분간 가열(중약불) ▶설탕, 물엿, 올리브유 넣고 뒤적이며 5분 가열(약불) ▶ 깨소금, 참기름 넣고 마무리

3. B_콩과 물 2.5컵, 다시마 1장 넣고 15분간 가열(중불) ▶설탕, 물엿, 올리브유 넣고 10분간 조리기(중약불) ▶진간장 넣고 뒤적이며 5분 조리기(약불) ▶ 깨소금, 참기름 넣고 마무리
4. C_콩과 물 2.5컵, 다시마 1장, 설탕, 물엿 넣고 15분간 가열(중불) ▶올리브유 넣고 10분간 가열(중약불) ▶진간장을 넣고 뒤적이며 5분 가열(약불)▶ 깨소금, 참기름 넣고 마무리
5. D_콩과 물 2.5컵, 다시마 1장, 간장, 설탕, 물엿, 올리브유를 한꺼번에 넣고 35분간 조린다(중불 15분〉 중약불 10분〉 뒤적이며 약불 10분). ▶ 깨소금, 참기름 넣고 마무리
6. 식힌 후 관능평가를 통해 A, B, C, D 콩조림의 품질을 비교 평가한다.

* 다시마는 15분 뒤 모두 꺼내는 것이 원칙이나 함께 조려내도 좋음

- 과정사진

• 실험결과

항목 \ 시료		A	B	C	D
외형	색				
	윤기				
	주름				
맛					
식감					
전반적인 바람직성					

• 고찰

- 콩 연화-간장 흡수-설탕 흡수-윤기내기 순의 콩조림 과정을 고찰한다.

- 콩을 주요 성분별로 분류하고 그에 적합한 조리방법을 고찰해 본다.

[실험 7-4] 조리수의 pH가 콩 연화에 미치는 영향_pH별 콩 연화

실험일: 년 월 일

• 실험목적

- pH가 대두의 연화 정도에 어떤 영향을 미치는지 알아보고 콩을 부드럽게 조리하는 방법을 배운다.
- 또한 동일한 조건에서 마른 콩과 불린 콩 조리 결과물을 비교 분석을 통해 콩의 전처리 과정이 필요한 이유를 이해한다.

• key word : pH별 콩의 연화

• 실험재료 및 기구

실험재료
콩 120g(20g×6), 중조 10g, 식초 30g, 소금 3g(1g×3), 설탕 30g(10g×3), 물 1.5kg(500g×3), 1회용 다시백(대/16×14.5cm) 3개

준비기구
비커, 계량컵, 계량스푼, 저울, 타이머, pH미터 또는 시험지, 일반 조리기구

• 실험내용/방법_pH별 콩의 연화

1. 콩 60g은 씻어 물 3배 부어 12시간(여름은 6시간) 불려 3등분한 후 다시백에 나누어 넣는다.
2. 콩 60g은 실험 직전에 씻어 3등분한다.
3. 시료A : 냄비에 물 500g, 소금 1g, 설탕 10g 넣고 혼합 후 pH를 측정한다.
   시료B : 냄비에 물 500g, 중조 10g, 소금 1g, 설탕 10g 넣고 혼합 후 pH를 측정한다.
   시료C : 냄비에 물 500g, 식초 30g, 소금 1g, 설탕 10g 넣고 혼합 후 pH를 측정한다.
4. 준비한 시료 A, B, C에 2의 콩 20g과 1의 다시백콩 1개씩을 각각 넣는다.

5. 시료 A, B, C를 올리고 뚜껑 닫아 가열(중불)한다.
6. 10분, 20분, 30분 가열시점에 시료 6종을 1/3씩 꺼내어 식힌 후 연화 정도를 관찰한다.

- 실험결과

시료 / 결과	시료A-중성		시료B-알칼리성		시료C-산성	
	마른 콩	불린 콩	마른 콩	불린 콩	마른 콩	불린 콩
조리수의 pH						
10분 가열 후 연화 정도						
20분 가열 후 연화 정도						
30분 가열 후 연화 정도						
최종 경도						

- 고찰
  - 콩을 산성, 중성, 알칼리성 조건에서 가열하였을 때 연화 속도나 연화 정도에 어떤 차이를 보였는지 고찰한다.

  - 조리수의 pH와 시간을 다르게 하여 콩을 삶은 결과 전반적 기호성이 가장 높은 결과물은?

Chapter 8

채소 & 과일

채소 & 과일

Ⅰ. 이론

1. 채소

1) 채소의 색소

채소의 색소는 크게 클로로필(chlorophyll), 카로티노이드(carotenoids), 플라보노이드(flavonoids)로 분류할 수 있다. 이를 다시 세분화하면 chlorophyll은 chlorophyll a(청록색 계열)와 chlorophyll b(황록색 계열)로 나뉘고, carotenoids는 xanthophyll(노란색 계열)과 carotene(주황, 주홍색 계열)으로 분류되며, carotene은 다시 α-carotene, β-carotene, γ-carotene, lycopene으로 나누어진다. flavonoids 색소는 안토시아닌(anthocyanins)과 안토잔틴(anthoxanthins)으로 나눌 수 있다.

〈표 8-1〉 **채소 색소의 분류**

색소의 종류	색소명		색깔(계열)	함유식품
chlorophyll	chlorophyll a		청록	상추, 시금치, 브로콜리, 양배추, 케일
	chlorophyll b		황록	
carotenoids	xanthophyll		노랑	황색 옥수수, 녹엽, 샤프란
	carotene	α-carotene	주황	당근, 차잎
		β-carotene		녹엽, 당근, 고추, 과피
		γ-carotene		당근
		lycopene	주홍	토마토
flavonoids	anthocyanins		red-purple	가지, 비트, 자색양배추, 래디시, 자소잎
	anthoxanthins		cream/white	무, 양파, 쌀, 밀, 콜리플라워, 순무

2) 조리 중 색소의 변화

(1) 엽록소(Chlorophyll)

시금치, 브로콜리, 상추 등의 엽록소는 매우 불안정한 물질로 조리과정에서 여러 조건에 의해 색이 변하기 쉽다. 짙은 초록색의 채소에 열을 가하면 엽록체는 파괴되고 그 안의 엽록소는 분리되어 세포 내에서 단백질과 결합되어 복합체를 이루어 변성된다. 엽록소는 열에 의하여 Mg이 H이온으로 치환되어 페오피틴(pheophytin)의 녹황색으로 변한다. 가열하는 물이 산성이거나, 뚜껑을 닫고 조리하면 휘발성인 채소의 산성분이 조리수에 용해되어 더 빠르게 녹황색으로 변하게 된다. pH가 높은 조리수에 녹색 채소를 데치면 엽록소의 색은 선명해지나 알칼리는 섬유소를 파괴하는 성질이 있어 채소가 물러지고 비타민 C가 파괴된다.

TIP

채소를 소금물(1~2%)에 데치는 이유는?

데치는 물의 농도가 채소 세포액의 농도와 같아져서 채소의 수용성 성분이 적게 용출된다. 소금으로 데치면 물로만 데치는 것보다 채소의 색이 선명한데 이는 소금이 클로로필의 용출을 적게 해서 클로로필 안정화 역할을 하기 때문이다. 소금은 또한 비타민 C의 산화를 억제한다.

(2) 카로티노이드(Carotinoid)

토마토, 수박, 자몽(리코펜), 당근 등에 존재하는 카로티노이드 색소는 산 또는 알칼리용액, 열에 의해서도 변화를 일으키지 않고 매우 안정적이다. 단, 효소에 의한 산화에서는 변화를 일으키나 일반적으로 조리과정에서 산소와 접촉하는 경우가 적어 색의 변화가 거의 없다.

TIP

당근과 토마토를 기름에 볶으면 색이 빠져나오는 이유는?

당근과 토마토의 색소인 카로티노이드가 물에는 잘 녹지 않으나 기름에는 녹는 지용성 색소이기 때문이다.

(3) 안토시아닌(Anthocyanin): 플라보노이드계 색소

플라보노이드계 색소는 물에 쉽게 용해되는 성질이 있어 색을 그대로 유지하고 조리하기가 어렵다. 주로 가지, 비트, 자색양배추 등에 함유되어 있다. 플라보노이드계 안토시아닌 색소는 일반적으로 산에서 붉은색을 띠며 알칼리에서 푸른색과 보라색으로 변한다.

(4) 안토잔틴(Anthoxanthins): 플라보노이드계 색소

플라본, 플라보놀, 플라보논을 포함하는 복합체로 안토시아닌과 더불어 플라보이드계 색소로 본래의 색은 무색, 흰색으로 산성과 열에는 안정하다. 감자, 양파, 무 등에 존재하는 색소로 pH 증가(알칼리)에 의해 무색에서 노란색으로 변화하며 철과 같은 금속과 반응하여 검은색 복합체를 형성, 알루미늄과 반응하면 밝은 노란색으로 변한다. 산성에서는 안정적으로, 변화가 없거나 밝은색을 띤다.

〈표 8-2〉 **채소 색소의 종류별 특징**

조건 \ 색소	Chlorophyll	Carotenoids	Flavonoids	
			anthocyanins	anthoxanthins
색	녹색, 녹황색류	노랑, 주황, 주홍류	보라, 적자색류	미색, 흰색류
용해성	지용성	지용성	수용성	수용성
산	녹황색	안정(변화 없음)	안정, 붉은 자색	안정(변화 없음)
알칼리	청록색	안정(변화 없음)	청남색	담황색
장시간 가열	연갈색(올리브)	밝은 오렌지색 (당질 캐러멜화)	안정(변화 없음)	갈변 (당질 캐러멜화)
금속이온	구리, 아연 첨가 시 선명해짐(독성 있어 제한적 사용)	안정	구리, 철, 알루미늄, 주석 첨가 시 암청회색 또는 녹변	철, 알루미늄에 의해 크림색화
채소의 예	시금치, 부추, 케일, 상추, 브로콜리 등	당근, 고추, 토마토, 황색 옥수수, 치자 등	가지, 자색양배추, 자색고구마, 레디시 등	양파, 무, 쌀, 밀, 콜리플라워 등

2. 과일

과일은 채소와 같이 비교적 수요가 많은 식품으로 단맛과 신맛, 아름답고 화려한 색, 독특하고 향긋한 향을 가지고 있어 식욕을 증진시키며 영양이 풍부하다.

또한 식사 후에 영양 보충 및 기분을 좋게 해주는 식품으로 원형 또는 갈거나 건조, 냉동, 조리 등을 통해 다양한 디저트로 즐긴다.

세포벽의 주요 구성성분은 β -D-포도당이 중합된 셀룰로오스(섬유소)로 질기면서도 부드러운 성질을 가지고 있다. 세포질은 젤리와 같이 말랑말랑한 교질상태로 존재한다.

세포질에는 미토콘드리아, 액포, 엽록체 같은 색소체가 존재하며 이들은 세포질에서 자유롭게 이동할 수 있다. 액포는 성장이 완료되면 새포액이라 불리는 용액으로 대부분이 수분이고 여기에 염, 당, 수용성 색소, 그 외 수용성 물질들이 용해되어 있다.

1) 과일의 색소

색소체에는 엽록체, 백색체, 크로모플라스트(Chromoplast, 잡색체) 등이 과일의 종류에 따라 다르게 분포되어 있다. 엽록체에는 녹색의 엽록소(클로로필)가, 백색체에는 주로 전분입자가 저장되고, 크로모플라스트에는 황색의 카로티노이드 색소가 들어 있다.

〈표 8-3〉 **과일의 색소**

색소		종류
클로로필(chlorophyll)		아보카도, 키위, 멜론
카로티노이드(darotenoids)		오렌지, 귤, 황도, 파인애플, 수박, 살구
플라보노이드 (flavonoids)	안토시아닌(anthocyanins)	사과껍질, 석류, 딸기, 블루베리, 앵두
	안토잔틴(anthoxanthins)	오렌지, 귤의 내피(흰색 부분)
탄닌(tannin)		미숙한 감, 밤의 속껍질, 바나나

탄닌(tannin)이란 어떤 특수한 성질을 가진 물질로 과일에 따라 탄닌의 함유량이 다르다. 탄닌의 함량은 같은 식물이라도 식물의 부위, 성장시기, 성장조건에 따라 다르게 함유된다. 특히 익기 전의 과실에 많이 함유되어 있고 익을수록 탄닌성분이 줄어든다. 탄닌은 쓰고 떫은맛을 가지고 있다. 탄닌과 산성 효소를 가진 과일, 채소는 공기 중에 노출되면 갈색으로 변한다.

TIP

- **후숙과일과 비후숙과일**

  후숙이란 수확 후 호흡률이 상승하여 익게 되는 것으로 사과, 배, 바나나, 키위, 망고, 멜론, 살구, 자두, 감, 복숭아, 토마토 등이 후숙과일(climacteric fruits)에 속하며, 포도, 레몬, 오렌지, 딸기 등은 수확 후 호흡률 상승이 없는 비후숙과일(non-climacteric fruits)이다.

- **열대과일 보관방법은?**

  바나나, 파인애플, 구아바, 코코넛, 아보카도 등의 열대과일은 낮은 온도에 노출되면 저온장해가 발생되어 변색 또는 물러질 수 있으므로 냉장 보관보다는 실온에 보관하는 것이 좋다.

2) 과일의 젤리화

펙틴, 산, 당 세 가지 성분이 각각 일정한 농도와 비율로 함유된 과일즙을 가열조리 후 식히면 응고되는 성질을 과일의 젤리화라고 한다. 종류로는 잼, 젤리, 마멀레이드가 있다.

(1) 산

모든 과일은 산을 함유하고 있으며, 종류에 따라 함유하고 있는 유기산의 종류와 함량이 다르다. 과실은 덜 익었을 때는 산의 함량이 높고 익어갈수록 산의 함량이 줄어든다. 젤리화에 중요한 것은 산의 종류보다는 완성품의 pH로, pH 3.2~3.5가 적당하다. pH가 너무 낮거나 높으면 다른 조건이 적합해도 응고가 일어나지 않는다.

(2) 당

과일에는 포도당, 과당 등 약 12% 전후의 당이 함유되어 있으나 젤리화에 필요한 당도는 62~65%이므로 설탕, 포도당 등으로 더 충족시켜야 한다. 당 농도가 50% 이하로 너무 낮으면 품질이 떨어지고 저장성도 낮아지며, 당 농도가 너무 높으면 당분의 결정이 석출되기 쉽다.

(3) 펙틴

펙틴(pectin)은 셀룰로오스-헤미셀룰로오스에 둘러싸여 있는 수화된 겔로 갈락토스의 산화물인 갈락트론산이 주성분이며 천연 다당류로 잼을 만들 때 굳히는데 도움을 준다. 펙틴은 세포의 친수성 충전재로 세포벽의 고분자에 대한 다공성을 결정하는 역할을 한다. 주요 부분은 D-갈락트론산 단위의 α-1, 4 결합으로 구성되어 있다. 펙틴의 주성분에는 호모갈락투로난 · 람노갈락투로난 · 아라비난 · 갈락탄 등이 있다.

(4) 과일 잼 조리

잼은 설탕을 함께 넣어 조린 형태로 딸기잼, 사과잼, 포도잼, 블루베리잼 등 다양한 종류가 있다. 잼을 만드는 3요소는 당 65%, 펙틴 1%, 산 0.3%으로, 이 세 가지 비율이 잘 갖추어졌을 때 적절한 농도의 잼이 완성된다. 과일 자체 당은 보통 15% 정도로 잡고 설탕을 50% 넣으면 적정한 당농도 65%가 된다. 산은 일부를 제외한 대부분의 과일에 함유되어 있다. 수박, 감, 배 등과 같이 새콤한 맛이 덜한 경우에는 레몬과 같은 산 성분을 첨가하여 잼을 만든다. 펙틴은 거의 모든 식물에 1% 정도 함유되어 있으나 수분의 함량이 높은 과일이나 짙은 농도의 잼을 원하는 경우에는 펙틴가루(황백색, 냄새가 없고 점액질의 맛)를 추가하여 사용한다.

TIP

배통조림은 고기의 연육작용에 도움이 될까요?

통조림에 들어가는 배는 가열처리에 의해 연육작용효소인 프로테아제(protease)가 불활성화되어 고기의 연육작용에 효과가 없다.

채소 · 과일의 갈변현상

1. 비효소적 갈변

탄수화물과 아미노산이 결합하여 갈색 물질이 형성되는 마이야르 반응과 산에 의해 갈색 물질로 변하는 아스코르브산(Ascorbic acid) 산화 현상이 대표적이다. 마이야르 반응(Maillard reaction)은 환원당과 아미노기가 반응하여 갈색의 멜라노이딘(Melanoidin)을 형성하는 아미노-카르보닐반응(amino-carbonyl reaction)으로 식품의 색, 맛, 냄새 등을 향상시키며, 간장, 된장, 빵 등에서 나타난다. 아스코르브산(Ascorbic acid)은 대부분의 과일과 채소에 함유되어 있는데 특히 감귤류에 다량 함유되어 있고, 산소의 유무와 관계없이 스스로 산화한다. 아스코르브산은 천연 항산화제, 효소적 갈변의 방지제로 사용되고 있다.

2. 효소적 갈변

효소적 갈변이란 식품이 가지고 있는 성분이 산소와 만나면서 산화효소에 의해 갈색으로 변하는 현상이다. 대표적으로 우엉, 사과, 바나나, 감자, 홍차는 식품의 조직 중에 카테킨, 카테콜, 갈릭산, 티로신 등 폴리페놀(polyphenol) 성분이 함유되어 있어 껍질을 제거하면 페놀화합물의 효소인 폴리페놀옥시다아제(polyphenol oxidase)에 의해 산화되어 멜라닌색소와 같은 갈색 또는 검은색으로 변하게 된다. 감자는 공기와 접촉하면 처음에는 옅은 분홍색을 띠다가 시간이 지나면서 갈색 더 오래되면 검은색으로 변하는 갈변현상이 일어난다. 감자의 갈변현상은 감자의 조직 속에 함유된 아미노산 성분인 티로신(tyrosin)이 티로시나아제(tyrosinase)라는 효소에 의해 산화되어 나타난다.

3. 효소적 갈변 방지방법

갈변현상은 식품의 외관과 맛에 부정적 영향을 주어 식품의 가공, 저장 중 식품의 품질을 저하시키는 요인이 되므로 이를 방지하여야 한다.

① 열처리: 효소는 복합단백질이므로 과일 통조림이나 잼 등의 제조 시 고온에서 적당시간 열처리를 하면 효소가 불활성화되어 효소적 갈변이 억제된다. 그러나 장시간 가열은 이취, 질감(연화) 등에 변화를 주므로 단시간 조리를 해야 한다.

② 진공처리: 효소적 갈변은 산소가 없으면 일어나지 않으므로 껍질을 벗기거나 절단한 채소 · 과일을 물에 침지, 진공포장, 산소 대신 질소나 탄산가스로 대체하면 갈변을 방지할 수 있다. 단, 산소 제거 후 혐기상태가 오래되면 이상대사물질에 의해 세포가 파괴되므로 주의가 필요하다.

③ 산용액처리: 채소 · 과일에서 추출된 폴리페놀옥시다아제의 최적 pH는 5.8~6.8로, pH 3.0 이하에서는 갈변현상이 상실된다. 채소 · 과일의 식초, 레몬즙 또는 오렌지즙 등의 산성용액에 담그거나 냉각, 냉동하면 폴리페놀옥시다아제의 효소작용을 억제할 수 있다.

④ 당 또는 염류 첨가: 당과 염류를 첨가한 물에 담가두면 효소작용을 방해한다. 설탕용액이 채소 표면을 둘러쌈으로써 공기 중의 효소가 과실에 접촉되는 것을 방지해 주고, 설탕을 직접 뿌려두면 과실 표면에 농축되어 산화효소를 억제한다. 갈변을 방지하기에 가장 적당한 소금 농도는 2%이다.

⑤ 온도 조절: 폴리페놀라아제(Polyphenolase)효소의 최적온도는 40±10℃로 최적의 온도보다 높거나 낮으면 효소의 활성이 정지되므로 갈변을 방지할 수 있다. 특히 -10℃ 이하의 온도에서는 효소가 불활성화된다.

⑥ 환원성 물질의 첨가: 강한 환원력의 아스코르빈산(ascorbic acid)은 갈변방지에 효과가 있으므로 감귤류로 만든 주스를 과일에 뿌려주거나, 황화수소(H_2S) 화합물인 시스테인(cysteine), 글루타치온(glutathione) 등도 퀴논(quinone)류를 이용하여 산화를 억제할 수 있다. 과일 중 파인애플에는 황화합물이 다량 함유되어 있어 깎은 과일을 파인애플즙에 담가두면 갈변을 방지할 수 있다.

⑦ 구리, 철 용기에 담으면 갈변이 촉진되므로 유리, 도자기, 플라스틱 그릇에 보관하도록 한다.

TIP

통조림 속의 완두콩은 왜 색이 변하지 않을까?

완두콩으로 통조림을 할 경우 가열에 의한 변색을 막기 위해 0.05%의 황산구리($CuSO_4$)로 처리하면 클로로필이 안정적인 구리-클로로필이 되므로 녹색을 보존할 수 있다.

Ⅱ. 실험실습

[실험 8-1] Blanching액의 산도(酸度)별 색소변화_채소 Blanching

실험일: 년 월 일

- 실험목적
  - 채소는 데치는 물의 산도에 따라, 채소가 가진 색소에 따라 본래의 색과 식감이 변한다.
  - 채소를 색소별로 산성용액, 중성용액, 알칼리용액에 넣어 Blanching 할 경우 색 및 질감이 어떻게 변하는지, 색소가 물에 용출되는지 등을 알아본다.

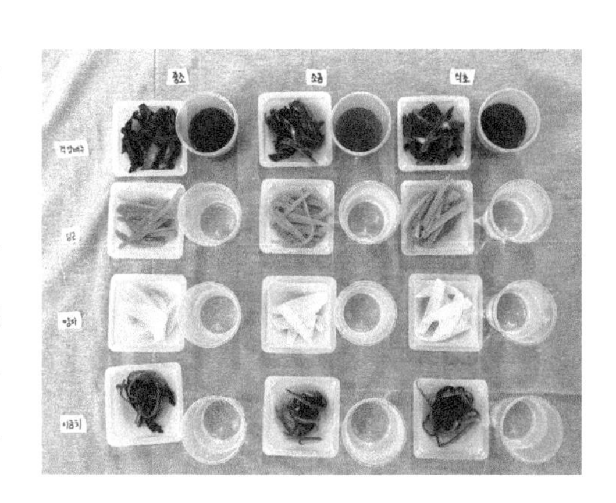

- key word : 채소의 색소

- 실험재료 및 기구

실험재료	
시금치	100g(30g×3)
당근	100g(30g×3)
적양배추	100g(30g×3)
양파	100g(30g×3)
중성용액: 1% 식염용액, 산성용액: 5% 식초용액, 알칼리성 용액: 0.3% 중조용액	

준비기구
전자저울, 계량스푼, 200mL 비커, pH paper, PS 일회용 웨잉디쉬, 타이머, 체, 일반 조리기구, 투명컵, 네임택

- 실험내용/방법_채소 블랜칭(Blanching)
  1. 각 재료를 다듬어 깨끗이 씻은 후 시금치는 4cm 길이로 썰고 당근, 적양배추, 양파는 굵게 채썬다.

2. 종류별로 채소 30g씩 3그룹으로 나눈다.
3. 식염수에서의 블랜칭
   1) 냄비 4개에 각각 1% 식염수(500mL의 생수 + 소금 5g씩)를 혼합하여 가열한다.
   2) pH paper로 염도를 확인한다.
   3) 식염수가 끓으면 시금치, 당근, 적채, 양파를 각각의 냄비에 넣고 1분 30초 동안 데친다.
   4) 데친 채소는 찬물에 헹궈 웨잉디쉬에 담고 데친 물도 투명컵에 1/2컵씩 담아둔다.
4. 5% 식초액에서의 블랜칭
   1) 냄비 4개에 각각 5% 식초액(500mL의 생수 + 식초 25g씩)을 혼합하여 가열한다.
   2) pH paper로 염도를 확인한다.
   3) 5% 식초액이 끓으면 4가지 채소를 각각의 냄비에 넣고 1분 30초 동안 데친다.
   4) 데친 채소는 찬물에 헹궈 웨잉디쉬에 담고 데친 물도 투명컵에 1/2컵씩 담아둔다.
5. 0.3% 중조액에서의 블랜칭
   1) 냄비 4개에 각각 0.3% 중조액(500mL의 생수 + 중조 1.7g씩)을 혼합하여 가열한다.
   2) pH paper로 염도를 확인한다.
   3) 0.3% 중조액이 끓으면 4가지 채소를 각각의 냄비에 넣고 1분 30초 동안 데친다.
   4) 데친 채소는 찬물에 헹궈 웨잉디쉬에 담고 데친 물도 투명컵에 1/2컵씩 담아둔다.
6. 조건별 데친 채소의 색과 질감, 데친 물의 색 변화 등을 평가한다.

• 과정사진

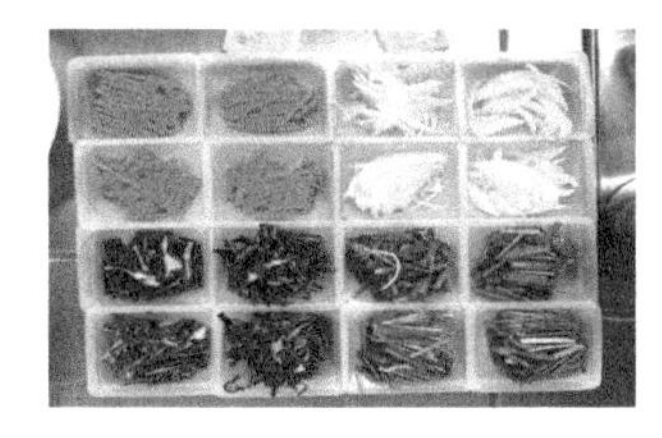
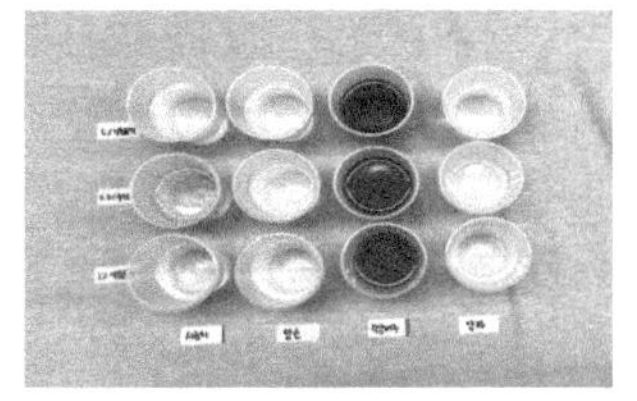

• 실험결과

항목 \ 조건		데치기 전	데친 후		
		상태	중성용액(A)	산성용액(B)	알칼리성용액(C)
pH		-			
색	시금치				
	당근				
	적양배추				
	양파				
질감	시금치				
	당근				
	적양배추				
	양파				

• 고찰

- 채소와 과일의 색소에 대해 고찰한다.

- 채소의 색소가 조리하는 물의 산도에 따라 어떤 변화가 일어나는지 실험결과를 통해 고찰한다.

[실험 8-2] 과일 및 채소의 효소적 갈변

실험일: 년 월 일

• 실험목적

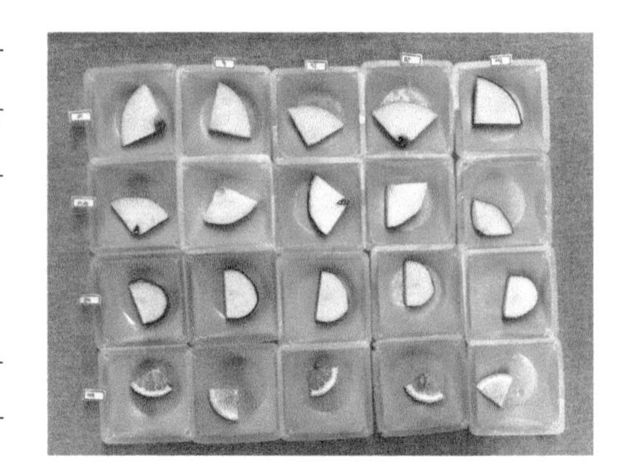

- 사과, 바나나, 복숭아 등은 껍질을 벗기거나 주스로 만들면 갈변한다. 이는 폴리페놀의 폴리페놀옥시다아제에 의한 과일의 효소적 갈변이 원인임을 확인한다.
- 공기 중에 노출시키면 갈변하는 과일과 채소의 갈변 방지법을 살펴보고 그 원리를 이해한다.

• key word : 채소, 과일의 효소적 갈변

• 실험재료 및 기구

실험재료
배 1개, 사과 1개, 감자 1개, 생수 300g, 1%소금물(물 300g + 소금 3g), 1%구연산용액(물 300g + 구연산 3g) 또는 3%레몬 · 식초액(물 300g + 식초/레몬 각 4.5g), 10%설탕물(물 300g + 설탕 30g)
준비기구
전자저울, 계량컵, 계량스푼, 메스실린더, 타이머, 웨잉디쉬(접시), 일반 조리기구

• 실험내용/방법_갈변방지 실험

1. 사과, 배, 감자는 깨끗이 씻은 후, 5등분해서 껍질을 벗겨 1cm 두께로 썬 즉시 조건별 시료를 처리하여 접시에 담는다.

   A: 그대로 둔다.

   B: 3% 레몬, 식초용액(또는 구연산액) 200g에 20분간 담갔다 건져 담아둔다.

   C: 1%소금용액 200g에 20분간 담근 후 물기 제거하여 담아둔다.

   D: 10%설탕용액 200g에 20분간 담근 후 물기 제거하여 담아둔다.

   E: B, C, D용액 100g씩 혼합액에 20분간 담근 후 물기 제거하여 담아둔다.

2. 각각 10, 30, 60분 경과한 후의 색 변화를 관찰하며 결과지를 작성한다.

• 실험결과

경과기간	종류 / 처리조건	배	사과	감자
10분	그냥 둔 것			
	물			
	1%소금물			
	1%구연산액			
	10%설탕액			
30분	그냥 둔 것			
	물			
	1%소금물			
	1%구연산액			
	10%설탕액			
60분	그냥 둔 것			
	물			
	1%소금물			
	1%구연산액			
	10%설탕액			

• 고찰

- 효소적 갈변현상과 갈변 방지법에 대해 알아본다.

[실험 8-3] 과일의 산, 펙틴 함량에 따른 젤화_잼

실험일: 년 월 일

• 실험목적

- 잼이 완성되기 위해 함유되어야 할 요인들과 그 원리를 이해한다. 또한 부족한 요인을 추가하여 잼을 완성해 본다.

잼

• key word : 잼의 원리

• 실험재료 및 기구

실험재료
과일1(딸기, 블루베리, 포도, 사과 등) 400g, 과일2(배, 참외, 단감) 400g, 설탕, 400g(A+B), 레몬생즙 50g(시료 C용), 버터(선택)
준비기구
전자저울, 계량컵, 계량스푼, 일반 조리기구

• 실험내용/방법_채소 블랜칭

1. 딸기, 배를 깨끗이 씻어 배는 껍질과 씨를 제거한 후 갈아서 준비한다(무게 확인).
2. 시료A : 과일1을 갈아 분량의 설탕 넣고 끓으면 저어가며 충분히 조리하여 그릇에 옮긴다.
3. 시료B : 과일2를 갈아 분량의 설탕 넣고 끓으면 저어가며 충분히 조리하여 1/3만 그릇에 옮긴다.
4. 시료C : 시료B에 남은 2/3를 다시 가열하며 레몬즙을 넣고 2~3분 더 가열한다.
5. 시료 A, B, C를 관찰하고 관능평가한다.

• 과정사진

* 잼 완성 후 버터를 적당히 혼합하면 더 부드럽고 고소함

• 실험결과

종류 처리조건	시료A	시료B	시료C 시료B + 첨가물
시료 무게 (간 것 기준)			
질감			
맛			
색상			
전반적 기호도			

• 고찰

1. 당류 외 다른 첨가물 없이 잼화가 가능한 과일을 고찰한다.

2. 자체 잼화가 어려운 과일에 적합한 첨가물의 종류에 대해 고찰해 본다.

3. 잼의 완성점 보는 방법을 알아본다.

Chapter 9

한천 & 젤라틴

한천 & 젤라틴

Ⅰ. 이론

1. 한천

1) 한천의 특성

응고성, 점탄성, 보수성을 가진 한천은 우뭇가사리에서 추출한 복합 다당류를 동결건조한 것으로 아가로즈 70%, 아가로펙틴 30%로 구성되어 있다. 아가로즈는 보수성 및 겔화력이 큰 편이고 아가로펙틴은 겔화력은 약하나 점탄성이 높은 편이다. 한천제품의 종류에는 각한천, 실한천, 분말한천이 있으며 각한천을 기준으로 실한천은 80~90%, 분말한천은 50% 정도 첨가하면 비슷한 경도가 형성된다. 건조한천 100g에는 탄수화물이 75g 정도이고 그 외 칼슘, 나트륨, 마그네슘 등의 무기질이 함유되어 있다.

2) 한천의 응고에 영향을 주는 요인

① 온도: 한천은 80~100℃에서 용해되며, 28~35℃에서 응고하고 68~80℃에서 용해된다. 한번 겔화가 진행된 제품은 실온에서 잘 녹지 않는다.

② 농도: 0.5~1% 농도에서 겔화되며 3%까지는 용해되므로 이용이 가능하다. 응고력의 강도는 젤라틴의 7~8배로 높으며, 한천의 농도가 높을수록 쉽게 응고된다. 다만 한천으로 만든 젤리는 시간 경과에 따라 내부의 수분이 외부로

이동하는 이력현상이 발생할 수 있다.

③ 시간: 냉각온도, 한천 농도에 따라 응고속도는 다소 차이가 있으나 젤라틴 대비 응고시간이 짧은 편이다.

④ pH: 알칼리성에서는 잘 응고되는 편이나 산성에서는 비교적 응고력이 약하므로 농도를 2배 정도로 늘려 사용하기도 한다. 키위, 파인애플, 생무화과, 파파야, 망고, 복숭아 등의 과즙을 첨가할 경우 먼저 한천용액을 60℃ 이상 가열한 후에 첨가하는 것이 좋다.

⑤ 설탕: 설탕농도 0~60%까지는 설탕량이 증가할수록 젤 강도도 증가된다. 또한 한천 겔의 투명도를 높여주고 이력현상도 줄여준다.

⑥ 가열: 가열온도에 크게 민감하지 않은 편이다. 한천은 80~100℃에 용해되고 28~35℃에서 응고된다.

⑦ 기타: 우유 및 유당, 단백질, 전분, 휘핑한 난백 등의 혼합 시 겔 강도는 저하된다.

3) 한천을 이용한 음식

젤리, 양갱, 한천 음료, 요구르트, 우무요리, 잼, 아이스크림, 포도주, 통조림 등에 다양하게 이용되고 있다. 또한, 칼로리가 낮아 어린이 간식, 다이어트 식품 개발에도 이용되고 있다.

2. 젤라틴

1) 젤라틴의 성분 및 조리특성

동물의 결합조직 구성성분인 콜라겐을 가열, 분해하여 수용성 성분이 용출된 것으로 가열 시 졸, 냉각 시 겔화되는 성질을 가지고 있다.

젤라틴 판상은 25분 내외, 분말은 5분 정도 불리면 팽윤하는 성질이 있다. 일반적으로 약 10배 정도의 물을 붓고 40~60℃로 가열 시 용해, 10℃ 이하로 냉각 시 겔화된다.

젤라틴은 맛과 냄새가 거의 없다. 필수아미노산 함량과 비율이 낮은 불완전단백질에 속하며 소화, 흡수가 잘 된다. 젤라틴으로 만든 젤리는 한천젤리 대비 점탄성, 부착력이 크고 용액상태에서 휘핑을 통해 부피가 증가하여 스펀지 같은 조직을 갖는 기포성이 있다. 이 젤라틴의 기포성을 이용하여 마시멜로와 누가를 만들 수 있다.

2) 젤라틴 응고에 영향을 주는 요인

① 온도: 3~10℃에서 겔화되는데 젤라틴 농도가 높으면 응고 및 융해온도가 높아진다. 겔화가 완전히 진행된 제품이라 하더라도 실온이 높을 때는 졸화로 되돌아가 액체형태가 된다.

② 농도: 보통은 1.5~2% 농도에서 잘 응고된다. 기온이 높은 여름에는 3~4% 농도가 필요하다.

③ 시간: 냉각 온도가 낮으면 젤리 강도는 증가하고, 젤라틴 농도가 낮을수록 젤화되는 시간이 길어진다.

④ pH: 젤라틴의 등전점인 pH 4.7 부근에서는 분자 간 응집력이 커져 응고력이 증가하지만 산의 추가로 pH가 더 낮아지면 응고력은 오히려 약해진다.

⑤ 염류: 염류는 젤라틴의 수분흡수를 막아 응고 강도가 증가한다.

⑥ 설탕: 50%까지는 설탕용액이 증가할수록 젤리강도가 감소된다.

⑦ 단백질 분해: 젤라틴은 단백질로 구성되어 있어서 생파인애플즙과 혼합 시엔 브로멜린이라는 분해효소의 작용으로 응고력이 약화된다. 다만 가열 후에는 큰 영향이 없다.

⑧ 가열: 가열온도에 민감하다. 젤라틴 용해온도는 40~60℃로 그 이상으로 가열하거나 끓는 물 사용 시 응고력이 약해진다.

⑨ 기포성: 거품을 내면 2~3배 용량의 부피증가가 가능하다. 이를 이용하여 마시멜로, 시폰파이 등의 제조가 가능하다.

⑩ 점탄성 및 부착력: 한천보다 점탄성, 부착력이 강해 2층 젤리 제조가 가능하다.

3) 젤라틴을 이용한 메뉴 개발

젤라틴을 이용한 제품은 탄력이 있고 매끄러우며 입안에서 쉽게 녹는 성질이 있어 과일젤리, 무스, 족편, 아이스크림, 마시멜로, 냉동후식 등 디저트용 제품 응고제로 다양하게 이용되고 있다. 또한 저열량식 제품 개발에도 꾸준히 이용되고 있다.

TIP

파인애플을 젤리로 만들 수 있는 방법은?

생 또는 냉동 파인애플에 함유되어 있는 단백질 분해효소인 브로멜린(Bromelin)이 젤라틴을 분해하여 젤리화할 수 없다. 그러나 파인애플 통조림의 경우 열처리에 의해 브로멜린(Bromelin) 효소가 파괴되므로 젤리화할 수 있게 되는 것이다.

Ⅱ. 실험실습

[실험 9-1] 겔 응고제의 농도에 따른 양갱의 비교_양갱

실험일: 년 월 일

• 실험목적

- 겔 응고제(한천)의 농도별 양갱을 제조하여 한천의 농도별 겔성상(경도, 맛, 질감, 외관 등)이 관능적 품질 특성에 미치는 영향을 분석하고 이해한다.

양갱

• key word : 겔화 농도

• 실험재료 및 기구

실험재료			
시료	한천+물 중량	첨가재료1	첨가재료2
A	한천 3g+물 100g	시판 팥앙금 100g	밤다이스 30g 또는 견과류
B	한천 4g+물 100g	시판 팥앙금 100g	밤다이스 30g 또는 견과류
C	한천 5g+물 100g	시판 팥앙금 100g	밤다이스 30g 또는 견과류
준비기구			
전자저울, 계량컵, 계량스푼, 양갱 굳힘틀, 냄비, 고무주걱, 접시, 체, 온도계, 저울, 믹싱볼			

• 실험방법/내용

1. 비커(또는 컵, 그릇 등)에 물 1컵씩 3개를 준비하고 라벨링한다.
2. 분량의 한천(A~C)을 계량한 후 씻어 라벨링한 1에 넣고 1시간 이상 불린다.
3. 2를 각각 냄비에 담고 한천 덩어리가 없어지도록 끓인다(양이 적으므로 약불에서 진행).
4. 라벨링한 A에 시판 팥앙금 200g을 넣고 약불에서 잘 저으면서 덩어리가 없도록 풀어 약 5분 정도 더 가열한다. (밤다이스 50g 준비할 경우 사각썰기하여 투입)

5. 끓인 양갱을 틀에 부어 실온에서 단단해질 때까지 굳힌다. 라벨링한 B와 C도 동일한 방법으로 진행한다.
6. 식기 전에 굳힘틀에 담고 굳힌 후 각각의 결과물을 비교 분석한다.

- 과정사진

- 실험결과

	시료A(한천 3g)	시료B(한천 4g)	시료C(한천 5g)
외관			
맛*			
질감*			
경도**			
전반적 선호도***			

* 묘사법/ **순위법/ ***7점 척도법: 1-매우 싫다~7-매우 좋다

- 고찰
  - 투입되는 한천 농도가 양갱의 맛과 질감, 경도에 미치는 영향을 확인하고 가장 적합한 비율에 대하여 고찰한다.

[실험 9-2] 첨가제의 종류에 따른 한천의 겔화 비교_단호박, 자색고구마, 우유양갱

실험일: 년 월 일

- 실험목적
  - 동일한 농도의 한천용액에 투입되는 재료를 달리한 후 양갱을 제조하여 본다.
  - 이를 통해 재료의 종류별 외관, 경도, 맛, 질감, 텍스처, 전반적 바람직성 등을 비교 분석한다.

단호박양갱

고구마양갱

우유양갱

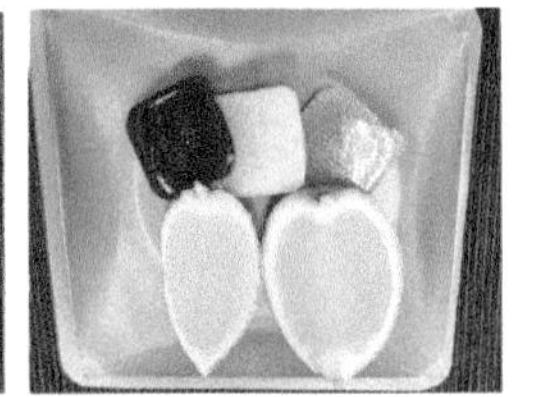
양갱

- key word : 한천의 겔화

- 실험재료 및 기구

실험재료			
시료	한천, 물, 설탕 중량	첨가재료1	첨가재료2
A	한천 6g, 물 200g, 설탕 60g	흰팥앙금 100g	단호박 100g(또는 분말 20g + 물 80g), 소금
B	한천 6g, 물 200g, 설탕 60g	흰팥앙금 100g	자색고구마 100g(또는 분말 20g + 물 80g), 소금 약간
C	한천 6g, 우유 200g, 설탕 60g	흰팥앙금 100g	생크림 100g, 소금 약간

준비기구
전자저울, 계량컵, 계량스푼, 양갱 굳힘틀, 냄비, 고무주걱, 접시, 체, 온도계, 저울, 믹싱볼

- 실험방법/내용
  1. 비커(또는 컵, 그릇 등)에 시료 A, B, C를 준비한다.
  2. 단호박은 씨 제거하고 끓는 물에 삶아 껍질 제거 후 물 1/2 넣고 갈아준다.
  3. 자색고구마는 껍질 벗겨 2cm 두께로 썰어 끓는 물에 익혀 건져 물 1/2 넣고 갈아준다.
  4. A의 한천과 남은 물을 냄비에 올려 한천이 녹도록 가열한 후 흰팥앙금과 2의 단호박, 소금을 넣고 저어가며 약불에서 5분 정도 더 가열한다.

5. 뜨거울 때 모양틀 또는 사각틀에 부어 굳혀준다.
6. B와 C도 위의 순서와 동일하게 진행하여 완성한다.
7. 결과물을 (사각틀은 썰어서) 담고 관능평가를 진행한다.

• 과정사진

• 실험결과

	A(한천, 단호박)	B(한천, 자색고구마)	C(한천, 우유, 생크림)
외관			
맛*			
질감*			
경도**			
전반적 선호도***			

*묘사법/ **순위법/ ***7점 척도법: 1–매우 싫다~7–매우 좋다

- 고찰
  - 첨가 재료2의 종류에 따른 특성을 비교 고찰한다.

  - 재료의 종류별 한천액 농도를 달리해야 하는 이유에 대해 고찰한다.

[실험 9-3] 젤라틴 첨가량에 따른 겔화제품의 품질 비교_우유, 초코우유푸딩

실험일: 년 월 일

- 실험목적
  - 젤라틴 첨가량에 따른 각 제품의 경도, 점착성, 씹힘성, 응집성 및 탄성의 변화에 대해 비교 분석한다.
  - 또한 동일 젤라틴 비율 간 초코우유와 흰 우유의 품질 특성을 분석한다.

초코우유푸딩

- key word : 젤라틴의 겔화

- 실험재료 및 기구

초코푸딩 재료		우유푸딩 재료	
초코우유	250g	흰 우유	150g
생크림	100g	생크림	50g
다크초콜릿	100g	설탕	20g
판젤리틴	3장(6g)	판젤리틴	2장(4g)
기타 산딸기, 패션프루츠 등			
준비기구			
전자저울, 계량컵, 계량스푼, 온도계, 1회용 푸딩용기, 고무주걱, 스텐볼, 믹싱볼, 냉장고			

- 실험방법/내용

1. 판젤라틴은 찬물에서 10분 내외로 불린다.

〈초코푸딩〉

2. 초코우유를 데워 끓기 직전에 불 끄고 초콜릿 넣어 녹인다.
3. 2에 생크림 넣어 혼합한 후 온도를 50℃로 맞추고 젤라틴 넣어 완전히 녹인다.
4. 1회용 푸딩용기에 60%만 채워 냉장고에서 1시간 굳힌다.

〈우유푸딩〉

5. 흰 우유에 생크림, 설탕을 넣고 잘 혼합한 뒤 데워 50℃가 되면 불을 끈다.

6. 5에 판젤라틴을 넣고 완전히 녹인 후 찬물에 중탕으로 죽 느낌이 될 정도로 식혀준다.
7. 4의 초코푸딩 위에 부어 올리고 냉장고에서 1~2시간 굳힌다.
8. 완성품으로 실험결과(경도, 맛, 탄성 및 질감, 전반적 기호도)를 관능평가한다.

* 젤라틴은 재료의 1.5~2%(여름 3~4%)가 적합하나 조별 농도를 달리하여 실습해 본다.

• 실험결과

재료 항목	흰 우유	초코우유
경도[1]		
맛[2]		
탄성 및 질감[3]		
전반적 선호도[4]		

* 1) 순위척도법: 큰 순서부터, 2)~4) 묘사법

• 고찰

- 흰 우유와 초코우유푸딩의 특성을 비교 분석한다.

- 젤라틴 농도를 달리할 경우 탄성과 경도, 맛 등에 어떤 차이가 발생하는지 고찰한다.

[실험 9-4] 과즙 비율에 따른 푸딩 품질 비교_복숭아푸딩

실험일: 년 월 일

- 실험목적
  - 젤라틴 첨가량은 보통 1.5~2%이며 평균 온도가 높은 여름은 평소의 2배 가까운 농도를 이용한다. 본 실험에서는 젤라틴 비율이 같은 상황에서 과즙 비율에 따른 품질 특성을 상호 비교한다.
  - 또한 파인애플효소인 브로멜린이 젤라틴의 응고성에 어떤 경향을 미치는지 살펴보고 젤리나 푸딩 제조 시 과즙 및 전처리의 중요성을 고찰한다.

https://unsplash.com/ko/%EC%82%AC%EC%A7%84/%EC%9D%8C%EC%8B%9D-%ED%95%9C-%EA%B7%B8%EB%A6%87-9jI0GfzH9U4

- key word : 단백질 분해효소(bromelin)

- 실험재료 및 기구

복숭아푸딩 재료		파인애플푸딩 재료	
복숭아 통조림	100g(건더기 기준)	파인애플(프레시)	100g
생수	100g	생수	100g
판젤라틴	약 4g(2장)	판젤라틴	4g(2장)
준비기구			
전자저울, 계량컵, 계량스푼, 온도계, 1회용 푸딩용기, 고무주걱, 스텐볼, 믹싱볼, 냉장고			

- 실험방법/내용

1. 판젤라틴은 각각 찬물에서 20분 내외로 담가둔다.
2. 복숭아통조림 건더기에 생수 넣고 완전히 갈아 복숭아주스를 만든다.
3. 파인애플도 생수 붓고 완전히 갈아 파인애플주스를 만든다.
4. 복숭아주스와 파인애플주스를 중탕하여 내부 온도를 50℃로 맞춘다.
5. 4에 각각 젤라틴을 넣어 완전히 녹인다.

6. 잘 혼합되면 푸딩용기에 붓고 3~10℃의 냉장고에서 2시간 전후로 겔화시킨 후 경도, 점착성, 씹힘성, 맛, 전반적 선호도 등을 비교한다.

• 실험결과

항목 \ 시료	복숭아	파인애플
경도[1]		
맛[2]		
질감[3]		
pH[4]		
전반적 선호도[5]		

* 1) 순위척도법: 큰 순서부터, 2)~5) 묘사법

• 고찰

- 파인애플 통조림은 젤라틴을 이용한 젤리화가 가능하나 파인애플 생즙은 어려운 이유에 대해 고찰해 본다.

- 과즙의 농도가 푸딩의 특성에 어떤 영향을 미칠지 고찰 및 토론해 본다.

[실험 9-5] 젤라틴 함량에 따른 과즙젤리 및 음료 비교_오렌지젤리, 레몬젤리

실험일: 년 월 일

- 실험목적
  - 레몬과 오렌지 과즙에 젤라틴의 함량을 달리하여 젤리를 제조한 후 투명도, 경도, 맛, 질감 등의 품질에 미치는 영향을 알아본다.
  - 또한 제품 특성별 젤라틴의 함량과 담는 용기를 달리하여 실험한 후 결과를 고찰해 본다.

과즙젤리

- key word : 과즙젤리의 원리

- 실험재료 및 기구_ 오렌지젤리, 레몬젤리

오렌지젤리 재료		레몬젤리 재료	
오렌지 생즙	약 2개(생즙 100mL×2)	생레몬즙	약 3개, 100mL(50mL×2)
시판 오렌지주스	200mL(100mL×2)	생수	300mL(150mL×2)
설탕	40g(20g×2)	설탕	80g(40g×2)
판젤라틴	5g(1g, 4g)	판젤라틴	5g(1g, 4g)
준비기구			
전자저울, 계량컵, 계량스푼, 온도계, 냄비, 고무주걱, 믹싱볼, 굳힘틀, 냉장고, 주스파우치			

* 젤리 제조 시의 젤라틴 함량은 보통 액체시료의 1.5~2%(여름 3~4%)를 넣어준다.

- 실험방법/내용
  1. 판젤라틴은 찬물에서 20분 내외로 불려준 후 물기를 제거한다.
     (젤라틴분말 사용 시 불리지 않고 바로 투입하며 분말은 판젤라틴의 70~80%만 사용)
  2. 오렌지는 식소다로 깨끗이 씻어 물기 제거 후 길이로 이등분한다.
  3. 오렌지 껍질 모양을 살리면서 속을 파내어 믹서기로 완전히 갈아 면포로 즙만 분리한다.

4. A, B를 배합하고 60℃ 내외로 중탕하며 젤라틴을 완전히 녹인다.
   A : 오렌지즙(생즙+주스) 200mL + 설탕 20g + 젤라틴 1g(주스의 0.5%)
   B : 오렌지즙(생즙+주스) 200mL + 설탕 20g + 젤라틴 4g(주스의 2.5%)
5. B는 오렌지 껍질에, A는 100mL 파우치에 부어 냉장온도에서 굳힌다(2시간 내외).
6. 레몬젤리도 오렌지젤리와 동일하게 C, D로 진행한 후 젤라틴 2.5%는 레몬 껍질에, 0.5%는 파우치에 담아 냉장 보관한다. (일부 평가용은 웨잉디쉬나 레몬 껍질에 담기)

* 오렌지주스와 레몬주스의 당도를 고려하여 설탕 투입량은 조절/ 여름에 진행할 경우 각 실험시료의 젤라틴 양을 각각 0.5~1%씩 추가하여 진행

7. 레몬젤리와 오렌지젤리 완성품을 반으로 잘라 담은 후 투명도와 경도는 순위척도법으로 평가하고, 맛과 질감은 묘사법으로 평가한다.

• 과정사진

• 실험결과

시료	응고현상		맛	질감
	투명도	경도		
A				
B				
C				
D				

- 고찰
  - 젤라틴과 한천의 특성을 비교해 본다.

  - 과일젤리별 가장 적합한 젤라틴 농도에 대해 고찰한다.

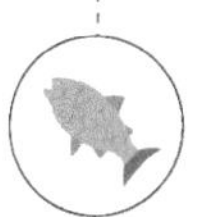

Chapter 10

육류

CHAPTER

10 육류

Ⅰ. 이론

육류에는 2/3 이상의 수분과 단백질, 지방, 탄수화물, 무기질, 미네랄 등의 영양성분이 함유되어 있다. 육류의 종류에는 소나 돼지, 양 등의 포유동물과 닭, 오리, 칠면조, 꿩 등의 조류가 이에 속한다.

1. 육류의 조직

동물 조직은 근육조직이 대부분이고, 소량의 결합조직과 근육 사이의 지방조직과 골격조직으로 구성되어 있다.

1) 근육조직(Muscle Tissue)

식육 또는 고기라 불리는 가식부위로 일반적으로 동물의 30~40%를 차지한다. 대부분 가로무늬가 있는 횡문근으로 구성되어 있다. 근육조직에서는 근육 미세섬유(myofilament)인 미오신(myosin)과 액틴(actin)을 기본으로 하는 단백질 분자들이 모여 근원섬유(myofibril)를 만들고, 약 2,000개의 근원섬유가 모여 원통 모양의 근섬유(muscle fiber)를 형성한다.

2) 결합조직(Connective Tissue)

근육이나 장기를 다른 조직과 결합하는 힘줄 등을 일컫는다. 결합조직은 연령,

운동량이 많고, 수컷의 결합조직 함량이 암컷보다 높게 나타난다. 그리고 돼지고기, 닭고기보다 소고기의 결합조직량이 훨씬 높다. 결합조직이 많은 경우에는 습열조리가 적당하다. 결합조직에는 다량의 콜라겐(collagen)과 엘라스틴(elastin), 소량의 레티큘린(reticulin)이 함유되어 있다.

① 콜라겐: 불용성으로 백색의 교원질 섬유로 3분자가 밧줄처럼 꼬인 3중나선 구조로 되어 있다. 물과 함께 가열하면 65℃ 정도에서 수용성의 졸(Sol) 상태가 되었다가 식으면서 굳어져 겔화(Gel)가 된다. 곰탕, 족편이 이러한 원리를 이용한 것이다.

② 엘라스틴: 황색의 탄력성 섬유로 혈관과 인대의 주성분이다. 산, 알칼리, 가열 등에 변하지 않으며 식용이 불가능하므로 조리 전에 분리해야 한다.

③ 레티큘린: 세망섬유, 근섬유막의 주성분이다.

3) 지방조직(Adipose Tissue)

육류의 지방은 피하, 복부, 장기 주위의 작은 입자 또는 큰 덩어리로 산재해 있다. 육류의 지방함량은 성별, 나이, 식이, 운동량 및 부위, 육류의 종류에 따라 5~80%에 이르기까지 다양하게 구성되어 있다. 지방조직은 짧은 근섬유로 구성되어 있어 식육이 연하고 맛과 풍미를 돋우며 수분증발을 억제하여 촉촉한 식감을 부여하므로 육질 등급을 결정하는 데 중요한 부분이다. 또한, 필수지방산인 올레산, 스테아르산, 팔미트산을 함유하고 있다. 지방조직은 보통 동물 중 암컷이나 운동량이 적은 부위에 많은 편이다.

2. 육류의 색소

육류의 붉은색은 주로 미오글로빈과 일부 헤모글로빈 색소의 영향을 받는다.

1) 미오글로빈

근육 내에 산소를 보유하여 근육조직에 산소를 공급해 주는 산소 저장체 역할을 하는 근육섬유이며, 붉은색은 헴(Heme) 1분자와 글로빈 단백질 1분자가 결합되어 철(Fe^{2+})을 함유하고 있다. 소는 돼지보다 운동량이 많아 미오글로빈 함량이 높아 더 붉은색을 띠며, 부위마다 붉은색에 차이를 보인다. 생고기에는 미오글로빈, 옥시미오글로빈, 메트미오글로빈이 함께 존재한다.

TIP

미오글로빈의 변화

- 산화: 미오글로빈(적자색, Fe^{2+}) ↔ 옥시미오글로빈(선홍색, Fe^{2+}) ↔ 메트미오글로빈(적갈색, Fe^{3+})
- 가열: 미오글로빈 → 옥시미오글로빈 → 변성글로빈 + 헤미크롬(회갈색, Fe^{3+})

2) 헤모글로빈

혈액 내에서 산소를 운반하는 혈색소로 철을 가진 포피린 유도체, 미오글로빈 4개 분자가 화합한 구조이다.

3. 육류의 사후변화

1) 사후강직(Rigor Mortis, 사후경직)

동물은 도살 후 호흡과 혈액순환이 정지되면서 조직의 산소공급이 차단되고 에너지 생산이 저하(pH 7.1~7.2에서 pH 5.4~5.8 이하로 저하)되어 젖산이 축적된다. 또한, 산소공급이 차단되어 액틴과 미오신의 교차결합이 끊어져 ATP가 감소되고 근육이 뻣뻣하게 굳게 된다.

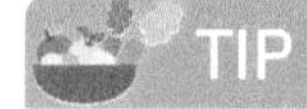
TIP

ATP란?

ATP란 아데노신삼인산(Adenosine TriPhospate: ATP)으로 근육과 뼈 등 근골격계의 에너지원이다. ATP는 산소를 필요로 하며, 에너지를 저장하거나 방출하는 역할을 한다.

2) 사후강직의 특징

① 사후강직 상태의 고기는 질기며 맛이 없고, 가열해도 연해지지 않는다.
② 사후강직이 시작되기 전이나 강직이 풀린 후 식용해야 한다.
③ 도살 후 강직 개시 시간 및 강직 지속 시간은 동물의 종류와 영양 수준, 도살 전 운동여부, 도축방법, 도살 후 환경, 온도 등의 조건에 따라 달라진다.
④ 동물이 크면 사후강직도 더디게 오고 지속 시간도 길어진다(닭고기 → 돼지고기 → 소고기 순).
⑤ 직전 운동량이 많으면 강직 개시 시간이 빠르다.
⑥ 도살 전 잘 먹고 잘 휴식시킨 동물은 육류의 색이 맑고 부패 세균에 대한 저항성을 가진다.

3) 사후강직의 해소(해경 또는 경직의 해체)

강직된 근육이 시간이 경과함에 따라 다시 유연해지는 현상이다. 근육이 pH나 이온 조성의 변화에 의한 액토마이오신의 수축약화와 근육 내 효소에 의해 근원섬유 단백질 및 결합조직 단백질이 분해되는 것이다.

4) 숙성(Aging, Ripening)

숙성은 사후강직이 해소된 육류가 자가소화에 의해 근육의 연화, 맛 성분의 생성, 육즙 증가 등의 변화가 일어나는 현상이다. 숙성된 고기는 가열하면 단백질의 변성 구성성분에 변화가 일어난다. 고기의 텍스처, 색, 풍미, 소화성 등이 향상되고 위생적 측면으로는 식중독균, 기생충이 사멸된다.

4. 육류의 조리

1) 육류의 염지법

(1) 건염법

고기를 오래 저장하기 위한 용도로 시작되었으나 지금은 조리과정 중 하나의 양념을 첨가하는 방법으로 사용되고 있다. 건염법은 고기 표면에 양념을 바르거나 뿌려 삼투압으로 인해 양념이 침투되는 방식이다. 간장을 베이스로 만든 소스에 불고기 재료를 재우거나, 여러 양념을 혼합하여 완성한 고추장소스에 볶음닭을 재우는 것 등이 건염법을 이용한 조리법이다. 건염법은 단시간에 조리가 가능하나 온도의 변화에 의해 고기가 손상될 수 있고, 공기 중에 건조해지며, 양념이 속까지 투입되지 않을 수 있다.

(2) 침지법

건염법과 같이 오래전부터 사용되어 온 방법으로 염지액에 고기를 담가 삼투압에 의해 양념이 침투하게 하는 방법이다. 침지액에 담근 고기를 4℃의 냉장 온도에서 1~7일 침지시키는데 고기의 덩어리가 클수록 시간이 더 오래 걸린다.

(3) 주입법(인젝션)

최근 가장 많이 사용하는 방법으로 수십 개의 바늘이 부착된 기계(인젝터)를 이용해 고기 속에 염지를 골고루 투입시키는 방법이다. 짧은 시간 내에 고기의 중심부까지 염지액을 주입하는 기술이다.

식품에서 인젝션(Injection)이란?

1. 인젝션 육(肉)이란?

인젝션은 육의 풍미를 개선하고 고기에 양념을 고루 투입시키는 첨단 육가공 제조기술이자 과학으로 일본은 50년 전부터 시작하여 상당한 수준에 와 있다. 우리나라도 인젝션 육 가공기술이 최근 들어 급속하게 발전하면서 가장 많이 이용되는 조미방식으로 자리 잡고 있다.

2. 인젝션 육(肉)의 이해

- 일본에서 수분과 지방이 부족해서 질기고 뻑뻑한 고기에 수분과 지방을 보충하면 소비자의 기호도가 높아질 것이라는 점에 착안해 인젝션 공법을 활용한 제품을 개발해 현재까지 널리 판매하고 있다. 그래서 일본에서는 '지방 주입육'이라고도 부른다. 우리나라는 20여 년 전 일본의 육가공기술을 전수받아 시도하게 되었는데 기술 축적이 되지 않아 많은 시행착오를 겪었고, 그 과정에서 인젝션 육에 대한 나쁜 이미지가 부각되기도 하였으나 꾸준히 연구개발하고 기술을 보완하여 소비자 요구에 충족되는 제품을 상품화해 판매하게 되었다.

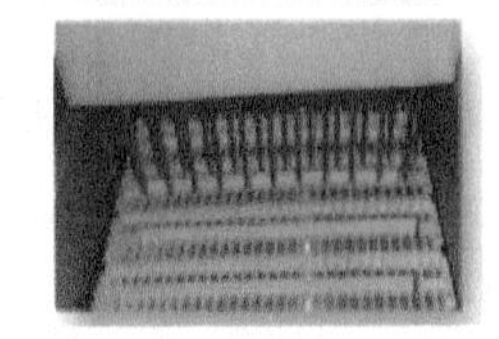

인젝션

- 현재는 단체급식업소나 일반가정에서 손쉽게 조리할 수 있도록 위생적으로 전처리된 고기라는 인식이 생겼고, 실제로 맛있고 위생적인 양념으로 숙성된 '근내 양념육'으로 비교적 저렴하게 판매되고 있다. 한마디로 위생적이면서 가성비가 높다.

3. 인젝션 육(肉)의 장점

- 편리성: 복잡하게 양념을 만들지 않고 마리네이드 시간이 단축되어 편리하다.
- 균일성: 가공으로부터 부여된 연도와 맛의 편차가 적다.
- 경제성: 고기 손질하는 과정과 로스율을 줄일 수 있다.
- 다변성: 부드러운 질감으로 다양한 요리에 적용 가능하다.
- 안전성: 순간에 양념을 육조직 깊이 침투시켜 세균에 노출되는 시간을 최소화하므로 안전성이 높다.
- 특성: 수분과 지방이 보충되므로 초벌이나 재벌, 시간이 지나도 부드러움이 유지된다.

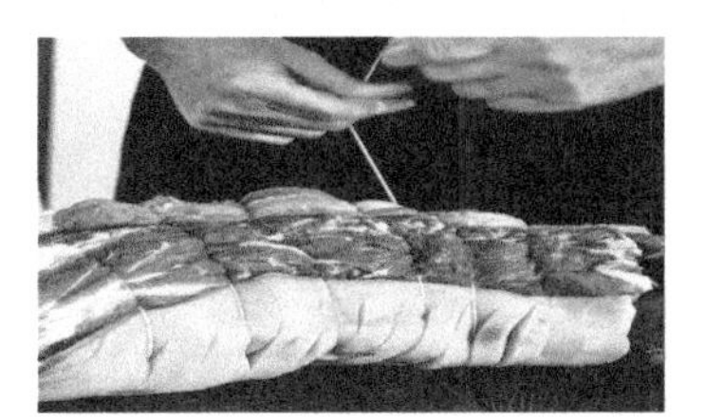

https://unsplash.com/ko/%EC%82%AC%EC%
%84/%EB%8F%84%EB%A7%88%EC%97%90%
%84%9C-%EA%B3%A0%EA%B8%B0%EB%A
BC-%EC%9E%90%EB%A5%B4%EB%8A%94-
C%82%AC%EB%9E%8C-rZbSKtAiVUA

바딩

4. 고대 서양요리에서의 인젝션 조리

- 인젝션 조리는 오래전부터 독일, 프랑스 등에서 활용되어 왔다. 서양요리에서의 라딩(larding)과 바딩(barding)이 현대의 인젝션 공법과 유사하다고 할 수 있다.
- 라딩: 지방이 부족한 육류의 내부에 지방 공급을 위해 돼지비계를 가늘고 길게 썰어 고기 표면에 꿰매어 붙여놓는 것이다.
- 바딩: 고기 조리 시 표면이 건조되는 것을 방지하기 위해 재료의 표면에 커버링하는 방법으로 고기 표면에 존재하는 지방을 완전히 제거하지 않거나, 지방으로 덮어 육질 속의 수분이 빠져나가지 않도록 한다. 프랑스에서는 쇠고기나 돼지고기를 조리하기 전에 미리 부처(butcher: 육류 담당 조리사)가 바딩(barding)하거나 실끈으로 묶어준다.

2) 육류의 연화방법

(1) 숙성

사후강직이 일어난 육류를 냉장 저장하면 근육 자체의 단백질 효소인 프로테아제에 의해 자가분해가 일어나 고기가 연해지고 보수성이 증가한다.

(2) 기계적인 방법

칼로 썰거나 칼등으로 두드리는 등의 방법으로 결합조직과 근섬유를 인위적으로 끓어준다.

(3) 단백질 가수분해효소 첨가

질긴 고기는 파파야의 파파인(papain), 파인애플의 브로멜라인(bromelain), 무화과의 피신(ficin), 키위의 액티니딘(actinidin), 배와 생강의 프로테아제(protease) 등과 같은 단백질 분해효소를 첨가해 고기를 연화시킨다.

(4) 설탕의 첨가

설탕은 열에 의한 단백질의 응고를 지연시켜 단백질의 연화작용을 하지만 많이 첨가하면 탈수작용으로 오히려 고기가 질겨지므로 주의가 필요하다.

(5) 염의 첨가

식염용액(1.2~1.5%), 인산염용액(0.2M)의 수화작용에 의해 근육 단백질이 연해진다. 그러나 5% 이상 첨가할 경우 탈수작용을 일으켜 오히려 고기가 질겨진다.

(6) pH 조절

근육 단백질의 등전점인 pH 5~6보다 낮거나 높게 조절한다. 등전점에서는 단백질의 용해도가 가장 낮아 고기가 단단하고 질겨진다. 산성에서는 육류의 수화력이 증가하므로 육류 조리 시 유기산이 많은 토마토 등을 첨가하면 육질이 부드러워진다.

3) 육류의 가열조리

(1) 근육섬유 단백질의 변화

고기를 가열하여 근육섬유 단백질이 응고하면 근육섬유는 수축-가열온도가 높을수록, 가열시간이 길수록 더 많이 수축하고 근육섬유 단백질에 흡착되어 있던 수분이 많이 유출되어 고기의 액즙 함량, 연한 정도가 감소된다.

(2) 맛의 변화

근육조직의 일부가 분해되어 여러 가지 맛 성분, 냄새 성분이 생성되고 알데하이드, 케톤, 알코올, 휘발성 아민, 황화수소, 메르캅탄, 설파이드, 파이드 등으로 단백질이 분해된다. 지질은 지방산의 종류에 따라 특징적인 맛과 냄새를 내며, 알데하이드, 케톤, 알코올, 유기산, 탄화수소 등을 생성한다.

(3) 영양가의 변화

열에 민감한 비타민은 가열 중 영양이 손실되며, 단백질 분자 중 일부 아미노산들이 당과 아미노카보닐 반응을 일으켜 영양가가 손실된다.

(4) 중량감소

가열하면 근육섬유 단백질과 결합조직의 응고에 따라 수분과 지방이 손실되면서 무게가 감소한다.

〈표 10-1〉 **소고기 스테이크의 가열조리**

조리단계	내부온도 (℃)	고기상태, 색	색
rare done stage	60	덜 구운 상태, 표면만 수축, 육즙 많음	외부: 옅은 갈색 내부: 붉은색
medium done stage	71	반쯤 구운 상태, rare보다 더 수축, 육즙 적음	내부: 연분홍색
well done stage	77	완전히 구운 상태, 수축되어 중량이 많이 감소, 육즙 적고 고기가 부드럽지 않음	내외부: 갈색

Ⅱ. 실험실습

[실험 10-1] 인젝션법의 이해_후라이드 치킨

실험일: 년 월 일

• 실험목적

- 식품에서의 인젝션 공법에 대한 원리와 방법을 이해한다.
- 인젝션에 사용하는 식품첨가물의 기능 및 활용방법을 이해한다.

• key word : Injection

• 실험재료 및 기구

인젝션용 염지 시 재료		
분체류 (시즈닝용)	꽃소금 3g, 백설탕 3g, MSG(글루타민산나트륨) 1.5g, 마늘분 1.5g, 백후추분 0.1g, 폴리인산염 0.05g(총 8.15g)	생수 75g
원료육	닭가슴살 3개(시료A=2개, 시료B=1개로 나눠 진행)	
튀김가루 (배터믹스)	치킨크러스트(또는 치킨튀김가루) 200g	
튀김옷 (배터액)	10℃ 이하의 정수 100g + 튀김가루 100g	
그 외	튀김기름, 치킨용 양념소스 또는 간장소스(선택)	

준비기구
전자저울, 계량컵, 계량스푼, 인젝터, 휘핑기, 믹싱볼, 튀김저, 튀김냄비, 키친타월 등

• 실험내용/방법_주입법을 이용한 염지 및 치킨

1. 시즈닝 혼합_ 분체류가 고루 분산되도록 섞어 시즈닝을 제조한 후 3(6g):1(2g)로 나눈다.
2. 염지액 제조_시즈닝 6g을 10℃ 이하의 정수 75g에 녹인다(약 8% 희석액).

3. 염지액 주입_신선육 손질 후 2개(=시료A), 1개(=시료B)로 나눈다.
   - 시료A_손질한 신선육에 인젝터를 사용하여 2의 염지액을 주입하고 남은 염지액에 담가 15분간 둔다.
   - 시료B_신선육은 깨끗하게 손질 후 시즈닝 뿌려 15분간 재워둔다.
4. 두 가지 비교군인 양념육은 표면에 수분이 있으면 제거하고 썰어준다. (길이 4~5cm×폭 2cm×두께 2cm 정도로 썰되 고기의 크기나 상태에 따라 조절)
5. 튀김옷 준비_치킨크러스트 1/2(100g)과 차가운 생수(배터믹스의 1~1.1 분량/무게기준)를 혼합하여 튀김옷을 만든다.
6. 튀기기_신선육을 튀김옷에 고루 묻힌 후 튀김가루를 브래딩(컬타입)하거나 튀김가루를 먼저 입힌 후 튀김옷 입혀(텐푸라 타입) 170℃로 예열된 기름에 튀겨낸다(10분 정도).

♜참고1: 시즈닝액 비율= 물을 분체류의 12.5배 넣어 혼합(물 대비 시즈닝 8%)

♜참고2: 튀김 온도는 고기의 크기에 따라 결정. 시중의 후라이드 치킨 사이즈면 170℃에 7~10분 튀겨내고, 두께 1cm, 폭 2cm 내외로 썰어 튀길 경우 180℃에서 4분 내외로 튀긴다.

- 과정사진

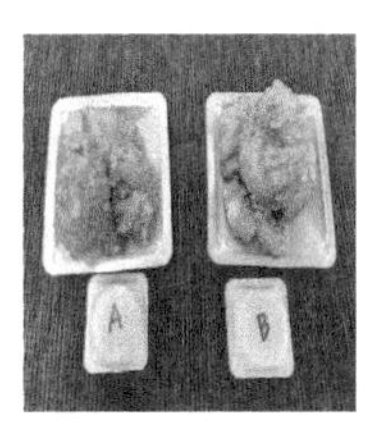

- 실험결과

특성	건염법	주입법
튀김시간		
내부 양념상태*		

특성	건염법	주입법
외부 양념상태*		
맛*		
조직감* (질감)		
전반적** 기호도		

*묘사법/ **순위법

- 고찰
  - 양념방법을 건염법, 침지법, 주입법으로 나누어 설명하고 양념법별 장단점을 비교 · 분석한다. 인젝션 육에 적합한 고기와 적합지 않은 고기를 나눌 수 있는지에 대해 고찰한다.

♠ 실험재료를 이용한 요리실습_가당 방울토마토

해물파전 재료
방울토마토 100g, 스테비아 1큰술, 물 2큰술
준비기구
주사기, 볼, 컵, 체

1. 방울토마토는 씻어서 물기를 제거한다.
2. 50℃ 내외의 물에 스테비아를 넣고 완전히 녹인 후 식힌다.
3. 주사기에 스테비아물을 넣고 토마토 꼭지 안쪽으로 여러 방향에서 찔러 주입한다. (방울토마토가 탱탱한 느낌일 때 계속 주입 시 터지므로 유의)
4. 그대로 잠시 두었다가 시식한다.
   - 맛없는 토마토의 당도를 증가시키는 방법으로 다양한 과일에 이용 가능

[실험 10-2] 재료 첨가량에 따른 품질 비교_햄버거

실험일: 년 월 일

• 실험목적

- 쇠고기와 돼지고기의 혼합비율의 차이가 햄버거 패티의 품질에 영향을 미치는지 살펴보고 보편적으로 선호하는 배합비율을 확인해 본다.

• key word : 햄버거 패티 고기비율

• 실험재료 및 기구

실험재료			
소고기(양지분쇄육)	270g	빵가루	9큰술(약 2/3컵)
돼지고기 분쇄육	90g	달걀	1개
양파	1/2개	소금	3g
우유	50mL	후추	약간
준비기구			
전자저울, 계량컵, 계량스푼, 칼, 도마, 어레미, 스텐볼, 행주, 프라이팬, 뒤집게 등			

• 실험내용/방법_햄버거 패티

1. 고기 및 양념을 다음과 같이 계량하여 잘 섞은 후 치대어 서로 잘 엉기도록 한다. 이때 양파는 다져서 물기를 제거하고 투입한다.

   A: 소고기 120g + 양파찹 30g, 우유 1Tbsp, 달걀 1Tbsp, 빵가루 3Tbsp, 소금 1/2tsp, 마늘 · 후추 약간씩

   B: 소고기 90g + 돼지 30g + 양파찹 30g, 우유 1Tbsp, 달걀 1Tbsp, 빵가루 3Tbsp, 소금 1/2tsp, 마늘 · 후추 약간씩

   C: 소고기 60g + 돼지 60g + 양파찹 30g, 우유 1Tbsp, 달걀 1Tbsp, 빵가루 3Tbsp, 소금 1/2tsp, 마늘 · 후추 약간씩

2. 각 시료를 같은 1cm 두께의 원형으로 둥글게 빚는다.
3. 동일한 화력(중>약) 및 시간 동안 팬에서 노릇하게 지져낸다.
4. 구운 후에 각 시료의 두께와 직경을 측정하여 굽기 전과 비교한다.
5. 색, 냄새, 맛은 묘사법으로 평가하고, 경도는 순위척도법으로 평가한다.

- 과정사진

- 실험결과

결과 \ 시료		A	B	C
두께 (mm)	가열 전			
	가열 후			
1) 색				
2) 냄새				
3) 맛				
4) 경도				
전반적 기호도				

* 1)~3) 묘사법, 4) 순위척도법(부드러운 것부터), 전반적 기호도 7점 척도: 선호하는 정도를 숫자로 적는다.
(1: 매우 그렇지 않다~7: 매우 그렇다)

• 고찰

- 한국인은 소고기를 선호하는 경향이 있어 100% 소고기육으로 만든 제품이 더 우수하다는 선입견이 있다.

- 본 실험을 통해 적정 혼합비율과 한국인의 선입견에 대하여 고찰해 본다.

햄버거는 1904년 세인트루이스 세계박람회 때 수많은 인파가 몰려들자 박람회장 내 식당에서 일하던 조리사가 너무 바쁜 나머지 둥근 빵에 햄버그스테이크를 넣어 팔게 되었다. 이것이 오늘날 둥근 빵에 패티를 끼워 토마토케첩, 머스터드 등과 함께 먹는 햄버거의 기본적인 형태가 되었다.

♠ 실험재료를 이용한 요리실습_ 햄버거

햄버거 재료
햄버거빵 3개, 햄버거 패티 3개, 양상추 5잎, 토마토 1개, 양파 1개, 통오이피클 60g, 햄버거소스 *홀머스터드, 마요네즈, 설탕, 버터 각 1Tbsp 햄버거 포장지
준비기구
볼, 프라이팬, 뒤집게, 체, 일반 조리도구(칼, 도마 등)

1. 양상추는 씻어 물기를 제거한다. 토마토는 0.5cm 두께의 원형으로 잘라둔다.
2. 양파는 0.3cm 두께의 원형으로 썰어 팬에 살짝 구워 매운맛을 없앤다.
3. 피클은 어슷하게 또는 길이로 슬라이스한다.
4. 버터를 녹인 후 홀머스터드, 마요네즈, 설탕을 혼합한다.
5. 햄버거빵 안쪽에 4의 드레싱을 바르고 준비한 재료를 쌓아 빵을 덮는다.(중간에 소스 뿌려주기)
6. 포장해서 마무리한다.

[실험 10-3] 소고기의 부위별 품질 비교_장조림

실험일: 년 월 일

- 실험목적
  - 장조림 방법에 따른 경도의 차이는 왜 발생되는지를 이해하고, 조리 방법을 달리하여 장조림을 만든 후 색, 맛, 경도, 질감, 전반적인 바람직성 등 조리방법에 따른 차이를 비교 분석해 본다.

- key word : 장조림의 연화

- 실험재료 및 기구

실험재료			
재료명	분량	재료명	분량
소고기(홍두깨살)	600g(150g×4)	맛술	60g(15g×4)
진간장	120g(30g×4)	청양고추	4개(1개×4)
물엿	40g(10g×4)	마늘	60g(15g×4)
설탕	40g(10g×4)	대파	2대(1/2대×4)

기타 사과, 양파 각 1/4개씩

준비기구
전자저울, 계량컵, 계량스푼, 냄비, 칼, 도마, 어레미, 스텐볼, 행주, 냄비, 체, 국자 등

* 소고기 양을 줄이고 줄인 만큼 메추리알 사용 가능

- 실험내용/방법_장조림

1. 고기는 150g씩 나누어 설탕물(물 2컵, 설탕 2큰술)에 30분간 담가 핏물을 제거하고 양념류도 4개씩 동일하게 준비한다.
2. 마늘은 편 썰고 대파 흰 부분, 청양고추는 1cm 정도 길이로 송송 썰어 모두 4등분한다.

3. 시료A 조리
   1) 냄비에 고기가 충분히 잠길 정도의 물을 올려 끓으면 대파 푸른 부분, 마늘 1쪽, 고기 150g을 넣고 10분간 삶아 건져둔다.
   2) 냄비에 고기 삶은 육수 2컵 분량의 양념(진간장, 물엿, 설탕, 맛술)을 넣고 고기 넣어 10분간 중약불에서 조린다. 중간에 마늘을 넣는다.
   3) 대파, 청양고추 넣어 뜸 들인 후 마무리한다. 고기는 찢어 국물과 함께 담아낸다.
4. 시료B 조리 : 시료A와 동일하게 진행하되 삶고 조리는 시간을 각각 20분으로 진행한다.
5. 시료C 조리
   1) 냄비에 찬물 3컵과 분량의 양념(진간장, 물엿, 설탕, 맛술)을 넣고 고기 넣어 20분간 조린다. 끓기 시작하면 중약불로 줄이고 마늘은 중간에 넣는다.
   2) 대파, 청양고추 넣어 뜸 들인 후 마무리한다. 고기는 찢어 국물과 함께 담아낸다.
6. 시료D 조리: 시료C와 동일하되 가열시간을 40분으로 진행한다.

• 실험결과

항목 / 시료	색	맛	경도	질감	전반적인 바람직성
A 10분 삶고 10분 조림					
B 20분 삶고 20분 조림					
C 20분 조림					
D 40분 조림					

* 묘사법

- 고찰
  - 같은 재료가 들어가고 양념 투입 순서만 달리하였을 때 결과물에 차이가 있는지 알아본다.

  - 위의 고찰에서 차이가 있다면 그 이유는 무엇인지 고찰한다.

[실험 10-4] 연화제 종류에 따른 소고기의 품질 비교_너비아니

실험일: 년 월 일

- 실험목적
  - 육류의 식감을 부드럽게 하는 연화제에 대해 익히고 각 연화제의 첨가가 너비아니구이의 색·질감 및 전반적 품질에 어떤 영향을 미치는지 알아본다.

- key word : 연육제

- 실험재료 및 기구

실험재료			
쇠고기 등심 (5mm)	60g×5개	파인애플즙	2Tbsp
시판 연육제	1/2tsp	키위즙	2Tbsp
배즙	2Tbsp		
기본양념 : 간장 2Tbsp, 설탕 1Tbsp, 다진 파 1Tbsp, 다진 마늘 1Tbsp, 참기름 1Tbsp, 깨소금 1tsp, 후추 약간			
준비기구			
전자저울, 계량스푼, 도마, 어레미, 스텐볼 3개, 접시, 도마, 거즈, 프라이팬, 칼, 강판, 일반 조리기구			

- 실험내용/방법_너비아니구이
  1. 등심을 5mm 두께로 썰어 칼집 넣고 각 시료마다 다음과 같이 시판 연육제, 배즙, 키위즙, 파인애플즙을 거즈에 꼭 짜서 즙만 준비한다.
  2. 고기에 연육제를 각각 넣고 잘 주물러 30분간 방치한다.

     A: 소고기 60g

     B: 소고기 60g + 시판 연육제 1/4tsp

     C: 소고기 60g + 키위즙 1Tbsp

     D: 소고기 60g + 배즙 1Tbsp

     E: 소고기 60g + 파인애플즙 1Tbsp
  3. 연육시킨 고기에 같은 양의 기본 양념을 1Tbsp씩 발라준다.

4. 3의 재료 굽는 시간을 동일하게 하여 구운 후 잠시 식혀 관능평가한다.

• 과정사진

• 실험결과

시료	색[1]	질감[1]	전반적 기호도[2]
A			
B			
C			
D			
E			

* 1) 묘사법, 2) 순위척도법(부드러운 것부터)

• 고찰

- 육류 연화법의 종류에 대하여 알아본다.

- 조미료 첨가 순서가 왜 중요한지에 대하여 고찰한다.

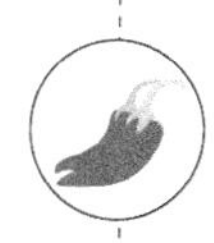

Chapter 11

우유

CHAPTER 11 우유

Ⅰ. 이론

1. 우유의 성분

우유의 성분은 소의 종류나 사료 등의 미세한 환경에 따라 성분의 차이가 난다. 우유의 수분함량은 88% 정도이고, 고형분이 13%로 [그림 11-1]과 같이 이루어져 있다. 우유 단백질의 80%가량이 카제인 단백질이고 남은 20% 정도가 유청 단백질이다.

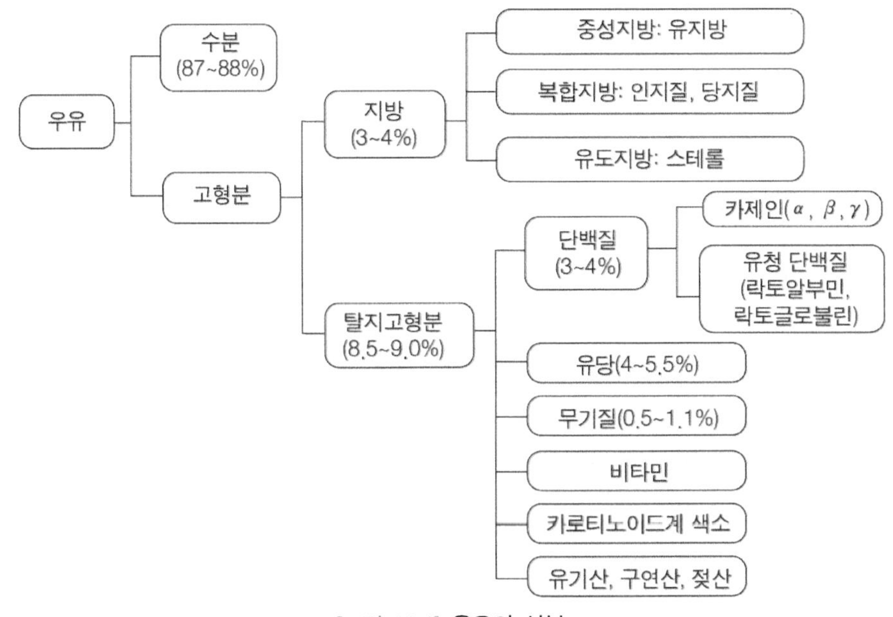

[그림 11-1] 우유의 성분

카제인 단백질은 산에 약하고 열에 강한 성질을 가지고 있는 반면 유청단백질은 산에 강하고 열에 약하다. 산에 의해 응고된 응고물의 주성분은 카제인 단백질이고, 그 밖에 우유의 지방이나 불용해성 물질 등이 포함되어 있다. 유청은 수분이 대부분이고, 락토오스 4~5%, 단백질 1% 미만, 소량의 지방과 회분으로 구성되어 있다. 또 유당, 락토알부민, 락토글로불린, 무기질 등도 포함되어 있다.

2. 우유의 특징

우유는 생명을 유지하고 활동하는 데 필요한 양식 영양소, 즉 필수아미노산, 칼슘, 인, 리보플라빈 등을 골고루 함유한 완전식품에 가깝다. 하지만 철분이나 비타민 C, 식이섬유 등의 영양소는 다소 부족한 편이다. 우유는 가장 많은 성분인 수분과 수중유적형 유화액의 상태로 존재한다. 이 유화상태가 깨지면 물보다 가벼운 지방의 지방구가 떠올라서 크림층을 만들게 된다.

1) 우유의 색

우유 특유의 백색은 우유 내부에 들어 있는 카제인과 인산칼슘이 콜로이드 용액으로 분산된 것으로 백색이다. 소가 먹는 풀의 색에 따라 우유의 백색 이외의 카로티노이드 색소를 지닌 황색을 띠기도 한다. 이러한 우유의 색소는 버터와 치즈의 색에 영향을 준다.

2) 우유의 향

신선한 우유는 유당을 가지고 있으며, 아세트알데하이드나 디메틸설파이드 그리고 아세톤과 같은 저분자 화합물을 지니고 있어서 우유만의 독특한 향을 가진다.

3) 우유의 맛

우유는 균질처리를 통해 유지방이 고루 분산되고 우유의 촉감이 더욱 부드러워지면서 고소한 풍미를 지니게 된다.

4) 우유의 저장

우유는 원유의 영양소 손실을 막고 오염 미생물을 없애고 보존성 증가를 위해 살균해야 한다. 우유는 살균법과 무균 포장기술 등을 통해 실온에서 약 5일~7주간 저장이 가능하다.

(1) 저온 장시간 살균법(62~65℃, 30분간)

우유 제조 시 가장 오래된 살균방법으로 우유 본래의 풍미를 가지나 살균시간이 오래 걸리며 병원성 미생물과 세균은 사멸하였으나 비병원성 세균이 많이 남아있게 된다.

(2) 고온 단시간 살균법(72~75℃, 15초)

저온 장시간 살균법보다 고온으로 시간을 짧게 단축하는 살균법으로 대량의 우유를 살균하는 데 사용된다. 세균은 물론 유산균도 거의 모두 살균된다.

(3) 초고온 순간 살균법(120~135℃, 1~3초간)

우유 살균법 중 영양소 파괴와 화학변화를 최소화하고 살균효과를 극대화한 방법으로 우리나라에서 현재 가장 많이 적용되는 방법이다. 단, 세균은 물론 유산균이 전부 살균되며, 우유의 휘발성분이 날아가서 풍미 또한 감소한다.

3. 우유의 조리

우유의 조리적 기능에는 질감 및 향미 증진, 흰색 또는 갈색으로 색감 부여, 젤 강도 증가, 탈취작용 등의 다양한 역할을 한다. 우유에 들어 있는 칼슘염과 이외의 염류로 인해서 단백질의 젤 정도가 늘어나면서 우유의 아미노산과 당이 화학반응을 일으킨다.

1) 우유 가열에 의한 변화

(1) 유청단백질의 응고

약 65℃를 전후하여 유청단백질인 락토알부민, 락토글로불린이 응고하기 시작하고, 카제인은 열에 응고되지 않는다.

(2) 피막 형성

우유를 냄비에서 뚜껑 없이 40도 이상으로 끓이기 시작하면 우유의 락토알부민과 락토글로불린의 유청단백질이 인산칼슘과 결합하여 불용성이 되고, 얇은 막을 생성한다. 우유를 가열할 때 저어주기, 냄비뚜껑 닫기, 거품을 내어 데우기, 우유를 희석하여 데우기, 중탕하기 등의 방법으로 피막 형성을 방지할 수 있다.

(3) 거품 발생

우유는 가열하면 온도가 상승하면서 표면장력이 저하되고 피막이 생성되어 수분 증발을 막아 거품이 발생하면서 끓어 넘치게 된다.

(4) 향미 변화

우유의 향미는 카제인이 분해되어 아미노산이 되고 아미노산이 변성되어 페놀, 황화합물, 인돌 등을 형성한다. 가열된 우유는 유청단백질 중 락토글로불린이 변성되어 황화수소기(-SH)에서 휘발성 황화물이나 황화수소가 생성되어 독특한 익은 냄새(가열취)를 낸다.

(5) 갈변현상

우유를 120℃에서 5분 이상 가열하면 단백질의 아미노산과 유당 사이에서 아미노카르보닐 반응에 의한 마이야르 반응과 유당의 캐러멜화에 의해 갈색으로 변한다.

2) 산, 효소, 염에 의한 변화

(1) 산에 의한 응고

우유에 산을 첨가하거나 젖산을 생성시키는 박테리아가 성장하면 서서히 pH가 낮아져 카제인 단백질이 pH 등전점(pH 4.6)에 도달하면 산성 응고물이 생성된다.

(2) 레닌효소에 의한 응고

레닌효소는 우유에 존재하는 칼슘과 반응하면서 응고된다. 산에 의한 치즈보다 레닌에 의한 치즈가 유청으로 칼슘이 분리되지 않아 칼슘함량이 높게 나타난다.

(3) 폴리페놀화합물에 의한 응고

일부의 과일, 채소(생강), 차 등에 함유된 페놀화합물이 우유와 혼합되면 응고가 일어난다.

〈표 11-1〉 카제인 응고 원리

원인	응고 원리	유제품
산	산에 의해 수소이온이 카제인과 결합하여 응고된다.	코티지치즈, 요구르트, 발효유제품
레닌(효소)	위의 펩신(pepsin), 프로테아제(protease)와 레닌효소에 의해 응고된다.	체다슬라이스 치즈
페놀화합물	채소(생강), 과일, 차 등 페놀성분에 의해 응고된다.	푸딩, 감자수프

3) 기타 우유 조리

우유에는 생선이나 소간 등의 비린내를 흡착하는 흡습성이 뛰어나서 조리 전에 우유에 재료를 담가 두면 비린내가 제거된다. 또한, 유동성이 뛰어난 다양한 재료와도 혼합되기 쉽고, 음식에 매끄러운 감촉과 부드러운 풍미를 더해준다. 화이트소스, 죽 등에 추가하면 색을 하얗게 해주며, 영양가를 높여준다.

Ⅱ. 실험실습

[실험 11-1] 산에 의한 우유응고 원리 이해_코티지치즈

실험일: 년 월 일

• 실험목적

- 우유에 산을 첨가하면 pH가 낮아져 우유 단백질인 카제인이 등전점(pH 4.6)에 도달하면서 산성 응고물이 생성되는 원리를 이해하고, 산을 이용한 치즈를 완성해 본다.

• key word : 카제인의 응고 원리

• 실험재료 및 기구

실험재료			
우유	800mL(400mL*2)	식초	40mL 내외
*기타 바게트빵, 방울토마토 등[실험 외 재료]		레몬즙	40mL 내외

준비기구
전자저울, 500mL 비커, 계량스푼, 온도계, pH paper, 냄비, 시아주머니(또는 면포), 스텐볼, 행주, 체 등

• 실험내용/방법_치즈

1. 비커에 분량의 우유를 각각 넣고 중탕으로 천천히 섞어가며 45~50℃로 데운다.
2. 각각의 우유에 레몬즙(시료A), 식초(시료B)를 넣고 전체적으로 가볍게 섞어 pH를 측정한다.
3. 45~50℃를 유지하며 10~15분간 방치한다.
4. 커드가 완전히 분리되고 상부에 투명한 유청이 생기면 물기를 꼭 짠 거즈에 걸러 커드와 유청을 분리한다. 유청의 중량을 측정한다.

5. 200mL의 물을 볼에 담고 4의 거즈로 감싼 커드를 가볍게 주물러 가며 씻은 뒤 가볍게 물기를 짜서 코티지치즈 중량을 측정한다.
6. 유청, 커티지치즈의 색, 맛, 향, 텍스처를 확인한다.

• 과정사진

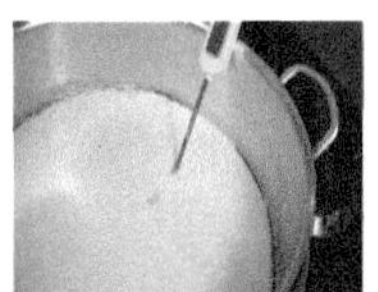

• 실험결과

시료	A	B
	우유 + 레몬즙	우유 + 식초
pH		
유청색		
치즈의 양(g)		
수율(%)		
색		
조직감		
선호도		

- 고찰

  - 산에 의한 우유의 응고 원리에 대해 알아본다.

  - 치즈의 제조방법에 대해 알아본다.

[실험 11-2] 효소에 의한 우유응고 원리_생강푸딩

실험일: 년 월 일

• 실험목적

- 우유의 단백질인 카제인은 평소엔 칼슘 이온에 의해 고정된 미셀 상태로 안정되어 있으나 생강프로테아제로 생강 속에 함유되어 있는 Gingipain이나 동물유래 효소인 레닌을 첨가하면 효소가 Casein을 절단하여 불안정하게 되면서 미셀이 응집해 수분이 밀려나면서 겔상으로 굳어진다. 이를 이용한 생강푸딩 실험을 통해 응유효소를 이용한 조리의 원리를 이해한다.

• key word : 레닌, Gingipain

• 실험재료 및 기구

실험재료			
우유	360mL	생강	300g
		설탕	100g
준비기구			
전자저울, 계량컵, 계량스푼, 냄비, 칼, 도마, 어레미, 스텐볼, 행주, 냄비, 체, 국자 등			

• 실험내용/방법_생강푸딩

1. 생강은 씻어 껍질 벗기고 굵게 썰어 착즙기로 생강즙을 추출한다.
2. 1의 생강즙을 5시간 이상 그대로 두었다가 가라앉은 전분을 제거한다.
3. 전분 제거한 생강즙에 80~100%의 설탕을 넣고 완전히 녹여 생강청 완성 후 pH를 측정한다.
4. 우유 240g을 60℃로 데워 종이컵 2개에 120g씩 옮겨 담는다.

5. A : 우유에 생강청 40g을 넣어 혼합한 후 랩핑하여 냉장고에서 30분간 굳힌다.
   B: 우유에 생강청 40g을 넣어 혼합한 후 랩핑하여 전자레인지에 넣고 1분 30초 내외로 가열한다(A, B 모두 응고상태 확인하면서 시간 및 생강청의 양 조절).
6. 완성된 푸딩 2가지의 농도, 색깔, 맛, 전반적 기호도 등을 확인한다.

• 과정사진

• 실험결과

시료 품질	A	B
pH		
색		
맛		
농도		
기호도		

- 고찰
  - 효소에 의한 우유의 응고 원리에 대해 알아본다.

  - 우유에 생강즙을 넣으면 우유가 푸딩처럼 응고되는 이유에 대해 고찰한다.

[실험 11-3] 우유의 신선도 판정1_에탄올검사

실험일: 년 월 일

▶ 실험 11-3 : 한국산업인력공단 식품가공기능사 실기 문항

• 실험목적

- 신선한 우유와 신선하지 않은 우유를 판별하는 방법인 70% 알코올을 이용한 우유의 신선도 판별법을 익힌다.

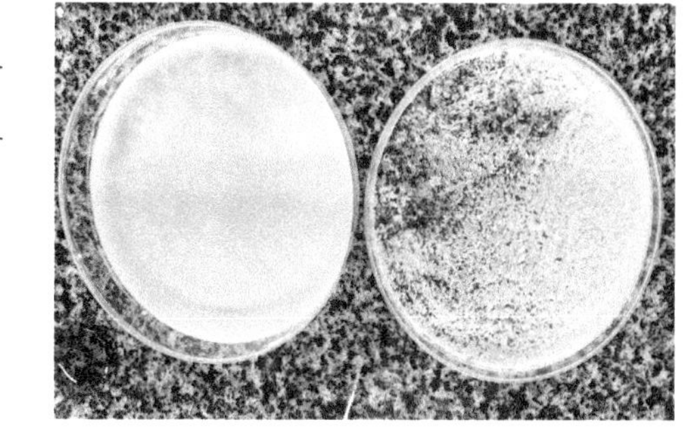

• key word : 알코올테스트

• 실험재료 및 기구

신선도 검사 A		신선도 검사 B	
신선한 우유	5mL	상한 우유	5mL
70% 에탄올	5mL	70% 에탄올	5mL
준비기구			
스포이드 2개, 피펫, 비커(200mL), petri dish(샬레) 2개, 유리막대			

◈ 알코올검사 방법

1. 스포이드(또는 피펫)로 우유 2mL를 취하여 시험관(또는 페트리디시)에 넣는다.
2. 스포이드로 70% 에탄올 2mL를 취하여 1의 시험관(페트리디시)에 넣는다.
3. 유리막대를 이용하여 5초 이내로 혼합한 후 응고물 생성여부 및 응고물의 크기를 관찰한다.
4. 관찰결과 응고물이 없으면 신선한 우유로, 응고물이 생성되면 신선하지 않은 우유로 판정한다.

   응고물의 생성 정도에 따라 (-), (+-), (+), (++), (+++)로 표시한다. 응고물이 보이면 산패 반응은 양성(+)이며, 일반적으로 (++) 이상을 강양성으로 표시한다.

⚠ 우유의 신선도검사 요약

시료계량[우유 2mℓ + 70% 알코올 2mℓ] ▷ ►혼합[약 5초] ▷ ►결과[즉시 확인] ▷ ► 판정(신선우유 : 응고물 생성되지 않음 / 비신선우유: 응고물 생성)

- 과정사진

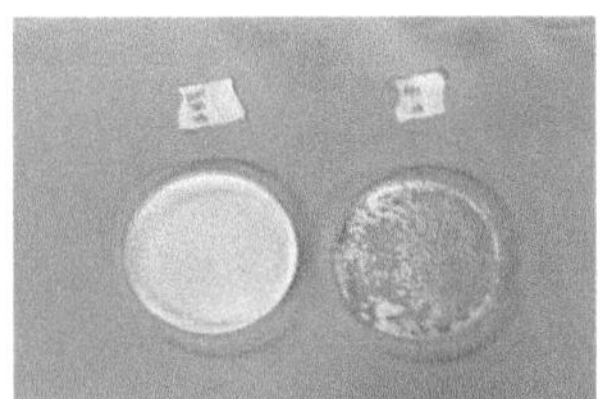

- 실험결과

품질 \ 시료	신선도 검사 A	신선도 검사 B
pH		
색		
응고 여부		
냄새		
침전물 여부		

식품가공기능사 시험에서의 우유 신선도검사 시 유의사항 및 실기 평가기준

- 유의사항
  1) 시료병에 시료의 종류, 채유일시, 장소 등을 명확히 한다.
  2) 시료와 시약 및 기구의 온도차를 최대한 줄인다. 실온에서 측정하는 것이 바람직하다.
  3) 시료를 충분히 교반하여 성분을 평균화한다.
- 실기 평가기준
  1) 검정방법의 숙련도
  2) 응고물 생성여부에 따른 작업의 숙련도
  3) 신선도를 정확하게 판정하는 작업의 숙련도
  4) 정리정돈 및 개인위생 상태

- 고찰
  - 우유의 신선도 판별법에 대해 고찰한다.

[실험 11-4] 우유의 신선도 판정2_비중/산도 검사

실험일: 년 월 일

▶ 실험 11-4의 산도검사 : 한국산업인력공단 식품가공기능사 실기 문항

• 실험목적

- 우유의 비중 측정법과 온도 보정방법 및 비중 계산법을 익힌다. 또한 산도 측정법과 종말점 판정법, 적정산도 산출방법을 배우고 신선한 우유의 적정 비중과 산도에 대해 이해한다.

• key word : 우유의 비중, 우유 산도검사

• 실험재료 및 기구

비중검사 재료		산도측정 재료			
우유	90mL	우유	50mL	1% 페놀프탈레인 용액	30mL
		증류수	50mL	0.1N 수산화나트륨용액	20mL
비중검사 준비기구		**산도측정 준비기구**			
100mL 메스실린더 1개, 온도계 1개, 비중계 1개		삼각플라스크 1개, 10mL 피펫 1개, 필러 1개, 뷰렛 1개, 뷰렛 거치대 1개, 스포이드 1개, 깔때기			

◈ 비중검사

1. 원유, 시유우유를 거품이 생기지 않도록 주의하면서 메스실린더 벽을 따라 천천히 부어 90% 정도 채운다.
2. 온도계를 원유에 꽂아 30초 동안 유지시킨 후 온도 읽어 기록한다.

* 액체는 온도에 따라 부피가 변하므로 우유의 비중을 측정할 땐 온도값을 보정해 주어야 함. 기순온도 1℃가 높고 낮음에 따라 0.2씩 가감(15℃에서 측정하되 온도가 다를 경우 1℃ 높으면 0.0002를 더하고 1℃ 낮으면 0.0002 빼면 됨)

3. 온도계를 빼고 비중계의 끝부분을 가볍게 잡고 메스실리더 중앙에 천천히 넣어 부력이 생기면 벽에 닿지 않도록 살며시 놓는다.
4. 비중계가 상, 하 운동을 하다가 정지하면 지붕계의 눈금을 읽고 정확히 기록해 둔다.
5. 15℃에서의 보정된 비중을 환산공식에 대입하여 계산한다.

※ 신선한 우유의 비중은 1.028~1.034임
[식품가공기능사 시험에서는 비중계산 시험은 생략되며 동일하게 계산할 수 있도록 비중을 제시해 줌]

◆ 온도 보정방법

Q) 18℃에서 우유 비중계의 눈금도수가 31이었다. 이 우유의 비중은?

우유의 비중=1 + 비중계의 눈금도수 + ((우유온도-15) × 2)=1+0.031+((18-15) × 2)=1.0316

* 비중계의 눈금도수는 0.031로, 온도 보정수치는 0.0006으로 계산됨

◈ 산도검사

1. 뷰렛 콕을 잠그고 0.1N NaOH용액을 일정량 채운 후 뷰렛대를 고정시킨다.
2. 시료용 우유 10mL를 피펫으로 취하여 삼각 플라스크에 넣고(증류수 10mL를 넣어 삼각플라스크를 흔들어 혼합)
3. 지시약인 1% 페놀프탈레인 용액 3~5방울 넣고 혼합
4. 0.1N NaOH용액이 든 뷰렛 콕을 조금씩 열어주면서 한 손으로 삼각플라스크를 가볍게 흔들어주면서 적정한다. 엷은 분홍색이 나타나서 30초 이상 유지될 때 종말점으로 한다.

   3회 이상 측정하여 정확한 종말점을 산출한다. 분홍색은 연한 딸기 우유색으로 한두 방울씩 떨어뜨려 상태를 관찰한다.
5. 적정에 사용된 수산화나트륨 용액의 양을 기록하고 공식에 의해 적정산도를 산출한다.

   산도(%)= (0.1N NaOH 적정량(mL)* f(농도보정계수, 역가, 제시하지 않을 때는 1로 계산)* 0.009*100) / (10* 우유의 비중)

6. 신선한 우유의 산도는 0.14~0.18%이고 상한 우유의 산도는 0.18% 이상이다.
7. 여러 번 반복하여 평균값을 구한다.
   산도의 값이 0.1488가 나왔을 때 "신선한 우유의 산도 0.14~0.18% 범위 내에 있으므로 이 우유는 신선하다"라고 판정한다.

▶ 산도계산 연습문제

비중이 1.032인 우유 18g을 중화하는 데 소요된 NaOH용액의 양이 3mL일 때 이 우유의 산도는?

답: (3*0.009*1/18*1.032) *100=2.7/18.57=0.145

→ 산도는 0.145%로 신선한 우유의 범위인 0.14~0.18% 내에 있으므로 이 우유는 신선하다.

⚠ 우유 산도검사 요약

시료계량[우유 10mℓ+물 10mℓ] ▷ ►지시약 첨가[페놀프탈레인용액 3방울] ▷ ►적정[0.1-N 수산화나트륨용액] ▷ ►종말점[핑크색 30초 유지] ▷ ►제시하는 비중 넣어 계산

$$(\text{산도}(\%) = \frac{0.1\text{N-NaOH 소비량} \times 0.009 \times \text{factor}(1)}{\text{우유량} \times \text{우유비중}} \times 100)$$

• 과정사진

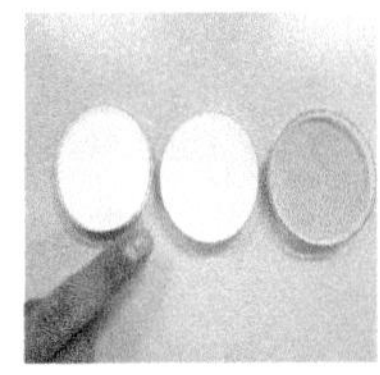

• 실험결과

	우유의 비중검사		우유의 산도검사
우유 온도		우유의 양	
보정온도값		증류수의 양	
신선도 판정		지시약 투입량	
비중		NaOH 소비량	
우유 신선도		우유 신선도	

TIP

식품가공기능사 시험에서의 우유 산도검사 시 실기 평가기준

1) 산도 측정방법의 숙련도
2) 종말점 판정의 유, 무
3) 적정 산도 산출방법의 숙련도
4) 정리정돈 및 개인위생 상태

- 고찰

  - 신선한 우유와 상한 우유 판정법에 대해 고찰한다.

Chapter 12

달걀

CHAPTER 12 달걀

Ⅰ. 이론

1. 달걀의 구조

달걀은 크게 난각 11%, 흰자위 58%, 노른자위 31%의 비율로 구성되어 있다.

① 난각: 달걀의 껍질로 미세한 구멍이 뚫려 있다. 표면이 까칠까칠할수록 신선란으로 구별한다. 난각의 기공은 탄산칼슘($CaCO_3$) 결정체로 표면은 유기질의 막(큐티클층, egg shell cuticle) 형성, 외부의 미생물 침입 방지 및 내부 수분의 유출을 막아 생명체가 부화할 수 있다.

② 난각막: 외난각막, 내난각막 2장이며, 내난각막의 기실부분은 난각과 떨어져 있다.

③ 기실: 달걀 윗부분으로 외난각막-내난각막 사이에 있는 공기구멍이며 오래되면 기실이 커진다.

④ 난황: 노란색이 짙고 선명하고 탱글거릴수록 신선란이며 단백질, 지방이 많고 비타민, 무기질을 함유하고 있다.

⑤ 배아: 난황 중심 부분으로 눈이라 하며, 병아리가 되는 부분이다.

⑥ 알끈: 노른자 양측에 붙어 있고, 노른자의 위치를 안정화하며 뭉쳐 있다.

⑦ 난백: 농후한 흰자(농후난백: 난황 주위의 흰자)와 수양난백(내수양난백+외수양난백 : 물 같은 흰자)이 있다. 흰자는 88%가 수분이고, 기타 단백질로

구성되어 있다. 달걀이 오래되면 농후난백이 수양화되어 물처럼 된다. 난백의 높이 또는 퍼짐으로 달걀의 부패 정도를 알 수 있다.

TIP

■ **유정란과 무정란의 차이**

닭은 경제 수명 동안 400개의 달걀을 산란한다. 무정란은 암탉의 난소에 스스로 난황이 만들어지고 난관을 통해 껍질이 생기고, 질을 통해 생산된 달걀로 부화할 수 없는 달걀이다. 유정란은 수탉과의 교미를 통해 병아리로 부화될 수 있는 달걀로 노른자에 검은색 반점의 배반이 있고, 난황, 난백의 점도가 높고, 껍질이 단단하다. 무정란보다 유정란이 비타민 함량이 조금 많고, 비린 맛이 적으나, 영양성분에 큰 차이는 없다.

■ **달걀 보관법**

달걀 껍질에는 만 개 정도의 기공이 있는데, 기공은 뭉툭한 둔단부에 주로 몰려 있으므로 뾰족한 첨단부를 밑으로 둔단부를 위로 가게 보관하면 기공을 통해 호흡하고 탄산가스가 잘 배출되어 신선도가 유지된다.

2. 달걀의 조리

달걀은 영양성분뿐만 아니라 조리·가공성이 우수하여 식품으로써 이용가치가 매우 높아 〈표 12-1〉과 같이 다양한 조리에 이용되고 있다.

〈표 12-1〉 **달걀의 조리**

조리특성	역할	음식의 예
응고성	청정제	콩소메, 커피, 맑은장국
	농후제	커스터드, 푸딩, 알찜
	결합제	전, 크로켓, 만두속, 알쌈
기포성	팽창제	머랭, 엔젤 케이크, 마시멜로
	간섭제	캔디, 셔벗, 아이스크림
	내열제	아이스크림, 튀김
유화성	유화제	마요네즈, 케이크 반죽
기타	색	지단

1) 응고성

달걀은 열에 의해 응고되는 성질이 있으며, 산, 알칼리, 교반, 염 등에 의해서도 유동성을 잃고 응고에 영향을 준다(〈표 12-2〉 참고). 생난백은 투명한 반고체인데 가열하면 조직이 촘촘해져 광선을 반사하여 백색의 불투명한 상태가 된다. 난백은 60℃ 전후에서 응고가 시작되어 65℃에서 완전히 응고된다. 난황은 65℃에서 응고되기 시작하여 70℃에서 완전히 응고되며, 오래 응고시키면 부서지기 쉽고 퍽퍽해진다. 달걀은 약간의 산성 물질이 첨가되면 다소 낮은 온도에서도 빨리 응고되고 단단해진다. 알찜, 커스터드 등을 만들 때 달걀에 우유를 첨가하면 Ca^{2+}이온이 열 응고를 촉진하여 단단해지고 빨리 응고된다. 우유의 응고 정도에 따라 〈표 12-3〉과 같이 소화 시간이 달라진다.

〈표 12-2〉 **달걀의 열 응고성에 영향을 주는 요인**

요인	특징
단백질의 농도	단백질이 물에 의해 희석되면 응고온도를 높여야 함
용액의 pH	달걀 주단백질인 알부민은 pH 4.6이 등전점이므로 식초 등 산에 첨가하면 쉽게 응고됨
염	무기염 존재 시 열응고성이 증가하는데 양이온 원자가 클수록 커짐 Fe^{3+} 〉 Ca^{2+} 〉 Na^{+}
당	열 응고성을 감소시키므로 달걀에 설탕을 넣으면 고온으로 가열해야만 응고됨

TIP

구운 달걀의 특징

120℃ 이상의 온도에서 진행되는 마이야르 반응은 단백질을 구성하는 아미노산과 당분이 만나 형성되는 멜라노이딘에 의해 갈색으로 변하며 삶은 달걀보다 다양한 풍미와 독특한 감칠맛을 낸다.

〈표 12-3〉 **달걀의 소화시간**

익은 상태	소화시간
반숙	1시간 30분
생달걀	2시간 30분
달걀프라이	2시간 45분
완숙	3시간 15분

2) 기포성

난백을 저으면 공기가 액체 속으로 들어가 오보글로불린(ovoglobulin)과 오보뮤신(ovomucin) 등의 단백질 막이 둘러쌈으로써 기포가 생긴다. 기포성은 음식의 질감을 부드럽고 가볍게 해주며 큰 결정 형성을 막아준다. 따라서 거품 속에 들어간 공기의 양이 많을수록 부피가 팽창된다. 기포의 형성에 영향을 주는 요인은 다음과 같다.

① 난백의 상태: 신선한 달걀보다는 1~2주 정도 경과한 달걀이 점성이 낮아 기포성이 좋다. 점성이 높은 농후난백보다는 점성이 낮은 수양난백이 기포성이 좋으나 안정성은 떨어진다.

② 거품기: 거품기의 날이 가늘수록 기공의 크기가 작아져서 미세하고 안정된 기포가 생기며, 수동으로 거품을 내는 것보다 전동으로 거품 기계를 이용하면 기포의 크기가 미세하고 일정하여 안정된 기포를 얻을 수 있다.

③ 온도: 냉장 온도보다 30℃ 정도의 실온에서 기포가 잘 형성되므로 냉장고에서 꺼내어 실온에 보관한 후 사용한다. 10℃ 정도의 난백은 기포 형성은 늦지만, 충분한 시간 또는 전동거품기를 사용하면 안정되고 탄력성이 높은 기포를 얻게 된다.

④ 첨가물: 거품을 만들어 가면서 조금씩 첨가하면 안정성 있는 거품을 형성할 수 있다. 소량의 산을 첨가하면 기포 형성이 잘된다.
오보알부민은 pH 4.8인 등전점 부근에서 기포성이 높게 나타난다. 난백을 교반하면서 거품이 형성됐을 때 소량의 식초, 레몬즙, 주석산을 첨가하면 기포 형성이 쉽고 안정성이 증가된다. 단, 교반 전에 산을 첨가하면 난백이 응고되므로 주의가 필요하며, 지방, 우유, 소금 첨가는 기포 형성을 저해한다.

설탕을 첨가하면 광택, 점도, 안정성은 증가하나 기포성은 감소한다.

3) 유화성

달걀의 유화성은 난백과 난황에 나타나지만 난황의 유화력이 난백보다 4배 더 크다. 난황의 레시틴(lecithin)은 천연유화제로, 마요네즈나 스펀지 케이크 반죽을 제조할 때 중요한 역할을 한다.

TIP

분리된 마요네즈를 다시 살리는 방법

우선 마요네즈가 분리된 원인을 찾아봐야 한다. 초기에 많은 양의 기름을 넣었는지, 난황에 비해 기름이 많았는지, 젓는 속도가 적당하였는지, 기름의 온도가 너무 낮거나 불안정의 여부 등 원인을 분석한 후 새로운 난황이나 잘 형성된 마요네즈를 조금씩 넣어가며 잘 저어주어 혼합하도록 한다.

4) 난황의 녹변현상

달걀을 오래 삶으면 외부의 압력이 중심부로 미치면서 난백에서 생성된 황화수소(H_2S)가 난황 쪽으로 이동하여 난황이 철분과 반응하여 황화제1철(FeS)이 형성되고, 암록색으로 변색된다. 달걀이 신선하지 않거나, pH가 높을 경우 또는 가열온도가 높고, 가열시간이 길수록 녹변현상이 쉽게 발생한다. 그 예로, 달걀을 70℃에서 1시간, 85℃에서 30분간 가열해도 녹변현상이 일어나지 않지만, 100℃에서 15분 이상 가열하면 녹변현상이 일어난다.

TIP

삶은 달걀의 녹변현상을 방지하려면?

삶은 달걀을 찬물에 즉시 담그면 외부의 압력이 낮아져 황화수소가 난각의 구멍을 통해 외부로 발산되어 버리므로 황화제1철(FeS)을 거의 형성하지 못한다. 또한, 내외부 부피도 수축되고 외부를 향한 압력이 커지면서 난각막과의 사이에 미세한 공간이 생겨 껍질이 잘 벗겨진다.

Ⅱ. 실험실습

[실험 12-1] 유화액의 안정성 비교_마요네즈 소스

실험일:　　년　　월　　일

• 실험목적

마요네즈 소스

- 마요네즈 소스는 난황에 다량의 식용유와 소량의 식초를 교반하면서 넣어 만드는 것으로 조작 중 유화가 충분히 일어나지 않으면 분리가 일어난다.
- 또한 식용유와 식초, 유화제의 배합 조건이 적당하다 해도 한꺼번에 혼합하면 마요네즈 소스를 완성할 수 없다. 그러므로 마요네즈 조제방법이 유화 안정성이나 식감에 미치는 영향을 이해해야 한다.

• key word : Emulsionizing

• 실험재료 및 기구

실험재료			
달걀	3개	소금	1g × 2
식용유	100g × 2	겨잣가루(머스터드)	0.2g × 2
식초	12g × 2		
기타 감자, 양상추, 콘옥수수 등 샐러드 재료(선택)			
준비기구			
전자저울, 계량컵, 계량스푼, 믹싱볼(소), 거품기, 고무주걱, 일반 조리도구			

• 실험내용/방법

■ 마요네즈A 1. 난황 1개, 겨잣가루 0.1g, 소금 0.5g을 볼에 넣고 거품기로 젓는다.

2. 1에 식초 6mL를 혼합한다.

3. 식용유 약 15mL를 스푼으로 나눠 넣으면서 잘 저어준다.
4. 3에 식초 2mL를 넣고 잘 저어준다.
5. 이 조작을 반복하여 유화시킨다(첨가하는 식용유는 조금씩 늘려준다).
6. 식용유가 모두 투입되면 남은 소금과 겨잣가루, 남은 식초를 넣고 골고루 저어준다.

■ 마요네즈B
1. 난황 1개, 겨잣가루 0.1g, 소금 0.5g을 볼에 넣고 거품기로 섞는다.
2. 식초 6g을 혼합한다.
3. 준비한 식용유를 한꺼번에 주르륵 부어가며 골고루 저어준다(분리 유도).
4. 분리가 일어나면 그대로 30분 이상 방치하여 식용유와 난황을 분리시킨다.

■ 마요네즈C
1. 마요네즈B의 볼(안정된 상태)을 기울여 분리된 기름을 스푼이나 스포이드로 채취하여 비커에 옮긴다.
2. 볼에 난황을 젓다가 B의 분리시킨 노른자를 조금씩 혼합한다. 식초 2mL를 넣고 섞은 다음 B에서 분리시켜둔 기름을 한 스푼씩 넣어가며 잘 저어준다.
3. 마요네즈A와 동일한 조작으로 식용유를 분량만큼 넣기를 완료하면 남은 소금, 겨잣가루, 식초를 넣고 골고루 저어준다.

• 과정사진

- 실험결과

▷ 마요네즈 A, B, C의 에멀전을 판정한다.

- 시계접시 중앙에 약 1큰술의 마요네즈를 담고 피펫으로 시료의 한쪽 끝에 물 또는 식용유를 떨어뜨려 시계접시를 살짝 돌려 섞이는 정도를 관찰한다.
- 마요네즈 소스 A, C는 1큰술을 떨어뜨려 소스의 농도를 비교 관찰한다.

	A	B	C
유화상태 판정			

- 고찰
  - 유화의 조건에 대해 생각해 본다.

  - 난황의 유화용량과 유화 안정성에 대해 조사해 본다.

[실험 12-2] 반숙란의 염지액 농도별 특성

실험일: 년 월 일

• 실험목적

- 반숙으로 익힌 달걀을 염지 시간과 온도 등의 염지 환경이 동일한 조건하에 염지액의 농도를 각각 달리하여 실험함으로써 적정 염지농도를 연구 및 분석해 본다.

• key word : 달걀의 염지

• 실험재료 및 기구

실험재료
달걀 8개, 소금 72g(9g + 15g + 21g + 27g), 염지액용 물 1.2L(300mL × 4)
준비기구
계량컵, 계량스푼, 체, 저울, 냄비, 타이머, 온도계, 수비드머신, 진공머신, 진공팩

• 실험방법

1. 껍질에 균열이 없는 신선란을 선별한다.
2. 달걀 예열: 달걀 8개를 용기에 담아 온수(40℃)에서 10분간 예열한다.
3. 반숙하기: 냄비에 물, 달걀을 넣고 85~90℃의 온도를 유지하며 8~10분 동안 삶아 반숙상태로 익힌다.
4. 익힌 달걀은 바로 얼음물(또는 찬물)에 담가 식힌다.
5. 염지하기: 30℃의 물 300mL씩을 담은 4곳에 소금을 각각 9g(시료A=3% 염지액), 15g(시료B=5% 염지액), 21g(시료C=7% 염지액), 27g(시료D=9% 염지액) 혼합하여 농도가 다른 염지액을 만든다.
6. 진공팩에 5의 염지액에 반숙 달걀을 2개씩 넣고 진공 후 30℃로 예열한 수비드 기기에 담가 2.5~3시간 동안 염지한다.

7. 염지된 반숙달걀의 농도별 달걀의 색, 냄새, 경도, 맛, 전반적 기호도 등을 확인 및 토론한다.

• 과정사진

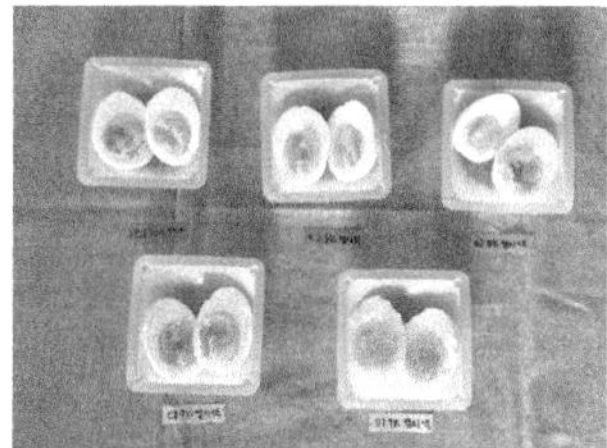
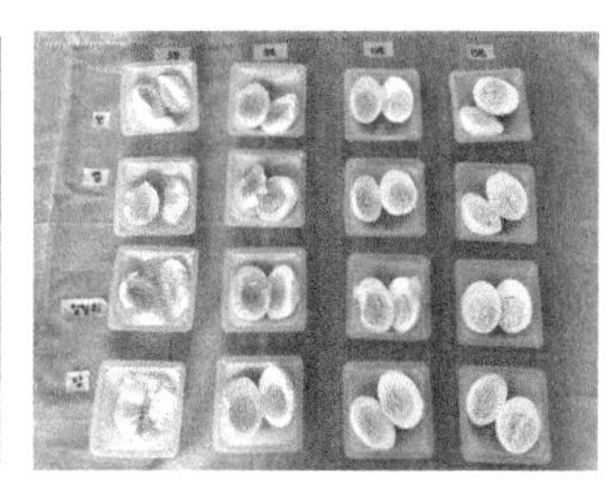

• 실험결과

시료	항목	염지반숙란의 농도별 특성				
		외관*	맛*	질감*	경도**	전반적 선호도***
A	3% 염지액					
B	5% 염지액					
C	7% 염지액					
D	9% 염지액					

* 묘사법/ **순위법/ ***7점 척도법: 1 매우 싫다~7 매우 좋다

• 고찰

- 염지 반숙란의 원리와 반숙란의 염지액으로 적합한 농도에 대해 고찰한다.

[실험 12-3] 달걀 흰자 거품형상에 따른 품질 비교_마시멜로

실험일: 년 월 일

• 실험목적

- 달걀 흰자의 거품 생성 정도가 제품의 텍스처 및 전체 품질에 미치는 영향을 분석하고 이해한다.

• key word : 달걀 흰자의 거품성

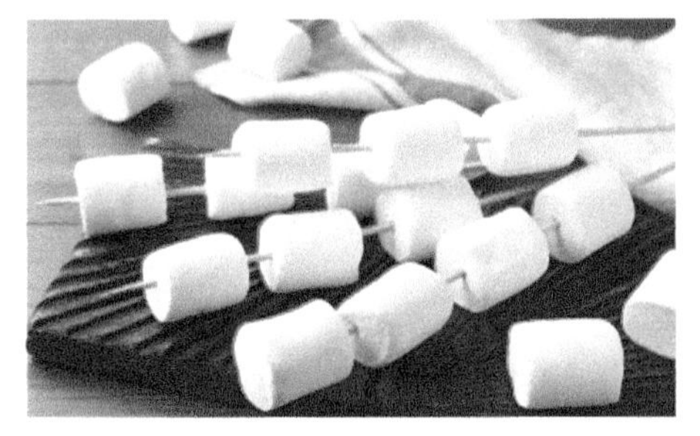

마시멜로

• 실험재료 및 기구

실험재료			
달걀 흰자	180g(90g×2)	가루젤라틴	20g(10g×2)
설탕	160g(80g×2)	물엿	40g(20g×2)
물	80g(40g×2)	옥수수전분	1컵
준비기구			
전자저울, 계량컵, 계량스푼, 믹싱볼, 고무주걱, 휘핑기 또는 핸드믹서, 타이머, 사각틀, 일반 조리도구			

• 실험내용/방법

1. 굳힘틀 준비하기: 마시멜로 만들 틀에 식용유 살짝 바르고 그 위에 옥수수전분을 뿌려 놓는다.
2. 마시멜로A 제조(안정된 거품 만들어 실험하기)
   1) 설탕 80g, 물 40g, 흰 물엿 20g을 냄비에 넣고 한 방향으로 저어주며 120℃ 전후가 될 때까지 가열한다.
   2) 가루젤라틴을 2배의 물(45℃ 내외)에 넣고 녹여둔다(바로 사용하지 않을 경우 중탕 보온).
   3) 달걀 흰자를 휘핑기로 돌려 거품이 오르면 1)을 부어주며 계속 휘핑한다.
   4) 3)에 젤라틴을 부어 약하게 휘핑하여 혼합한다.
   5) 완성된 마시멜로를 굳힘틀에 붓고 고루 편 후 옥수수전분을 뿌린다.
   6) 1~2시간 경과 후 꺼내어 옥수수전분을 털어내고 자른다.

3. 마시멜로B(흰자의 거품을 내지 않은 상태로 휘핑하며 진행)
   1) 설탕 100g, 물 40g, 흰 물엿 20g을 냄비에 넣고 한 방향으로 저어주며 118~120℃가 될 때까지 가열한다.
   2) 가루젤라틴은 물에 넣고 충분히 불려서 중탕한다.
   3) 달걀 흰자를 휘핑하며 충분히 거품을 낸다.
   4) 3)의 흰자거품에 1), 2)를 넣고 천천히 잘 섞는다.
   5) 준비된 틀에 마시멜로 재료를 넣고 골고루 편 후 그 위에 옥수수전분을 뿌린다.
   6) 2시간 경과 후 꺼내어 옥수수전분을 털어내고 자른다.
4. 두 가지 완성품의 무게, 외관 및 두께, 맛, 텍스처 등을 비교 분석한다.

- 실험결과

시료	마시멜로A	마시멜로B
외관(색, 두께 등)		
맛		
촉감		
입안에서의 텍스처		
전반적 바람직성		

*묘사법

• 고찰

- 달걀 거품형상이 품질에 미치는 영향에 대하여 고찰한다.

- 설탕이 머랭에 어떤 역할을 하는지 알아보고 설탕 투입방법에 대하여 고찰한다.

[실험 12-4] 첨가물이 머랭의 품질에 미치는 영향_머랭쿠키

실험일: 년 월 일

- 실험목적
  - 달걀 흰자의 거품성을 이용한 머랭 쿠키의 원리를 이해한다. 또한 머랭 반죽에 첨가물을 달리한 쿠키를 완성하여 첨가물이 머랭의 부피감과 품질에 미치는 영향을 관찰해 본다.
- key word : 달걀 흰자의 거품성

머랭쿠키

- 실험재료 및 기구

실험재료A	실험재료B
달걀(특) 2개(약60g)	달걀 2개
백설탕 40g	백설탕 40g
슈가파우더 40g	슈가파우더 40g
레몬즙 1/4작은술	식용유 1/4작은술
소금 약간, 분홍색소 약간	소금 약간, 민트색소 약간
준비기구	
계량스푼, 에그비터, 오븐, 일반 조리기구(체, 볼), 파이핑백, 별형 또는 상투과자용 깍지(대)	

- 실험내용/방법
  1. 달걀 4개를 준비하여 2개씩 흰자만 분리한다.
  2. 난백을 휘핑하여 거품이 60% 정도 일도록 한다.
     A: 2에 설탕, 레몬즙을 3~4회 나누어 투입하며 머랭 친 후 소금, 분홍색소, 슈가파우더를 혼합하여 패닝한다.
     B: 2에 설탕, 식용유를 3~4회 나누어 투입하며 머랭 친 후 소금, 민트색소, 슈가파우더를 혼합하여 패닝한다.
  3. 90℃로 예열한 오븐에 약 1시간~1시간 30분간 구워준다.

4. 완성된 결과물별 부피, 색, 맛, 조직감은 묘사법으로, 기호도는 순위법으로 확인한다.

* 휘핑 정도 : 휘핑기를 거꾸로 들었을 때 뿔 모양의 머랭 끝이 살짝 꺾이는 정도로 휘핑할 것. 과하면 거품이 부서지고 부족하면 거칠거나 부피감이 부족함

• 과정사진

• 실험결과

첨가물	식초(레몬즙)	식용유
색 / 외관		
내부/ 기공		
부피		
전반적 바람직성 (맛 포함)		

• 고찰

- 난백의 기포성 원리를 알아본다.

- 난백의 기포성에 식초와 식용유가 미치는 영향에 대하여 고찰한다.

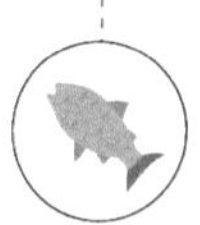
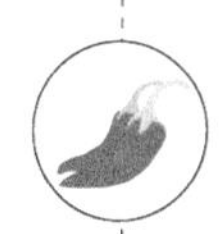

Chapter 13

어패류

CHAPTER 13

어패류

Ⅰ. 이론

1. 어패류의 분류

어패류는 〈표 13-1〉과 같이 어류, 연체류, 갑각류, 조개류로 분류할 수 있다. 이 중에서 어류는 바다에 서식하는 해수어와 민물생선인 담수어로 나뉘며 해수어와 담수어 둘 다 흰살생선과 붉은살 생선으로 분류된다.

〈표 13-1〉 어패류의 분류

<table>
<tr><th colspan="3">분류</th><th>종류</th><th>특징</th></tr>
<tr><td rowspan="4">어류</td><td rowspan="2">해수어</td><td>흰살 생선</td><td>명태, 광어, 가자미, 도미, 민어 외</td><td>• 지방 함량 2% 이하 함유
• 낮은 수온의 깊은 바다에 주로 서식하며 운동량 적음</td></tr>
<tr><td>붉은살 생선</td><td>고등어, 꽁치, 멸치, 참치, 연어 외</td><td>• 지방 함량 5% 이상 함유
• 주로 바다의 표면 근처에서 활동(수심 얕은 곳이 서식처)
• 운동량과 산소량이 많으며 미오글로빈도 많이 함유하고 있음</td></tr>
<tr><td rowspan="2">담수어</td><td>흰살 생선</td><td>메기, 붕어, 빙어 외</td><td>• 계곡, 강 등 민물에서 서식함
• 튀김, 매운탕 재료로 사용됨</td></tr>
<tr><td>붉은살 생선</td><td>송어, 산천어 외</td><td>• 강 상류의 맑은 물에서 서식함</td></tr>
<tr><td colspan="3">연체류</td><td>문어, 주꾸미, 낙지, 오징어, 해삼 외</td><td>• 뼈가 없거나 연골로 되어 있고 마디가 없으며 부드러움</td></tr>
<tr><td colspan="3">조개류</td><td>굴, 전복, 소라, 바지락, 가리비, 굴, 대합, 모시조개 외</td><td>• 외부는 딱딱한 껍질, 내부는 연한 조직을 가지고 있음</td></tr>
<tr><td colspan="3">갑각류</td><td>게, 가재, 새우 외</td><td>• 껍질이 딱딱한 편, 여러 조각의 마디로 구성됨</td></tr>
</table>

2. 어패류의 구성

어패류는 종류와 계절에 따라 구성성분의 차이를 보이지만 일반적으로 수분 66~84%, 단백질 15~25%, 지질 0.1~22%, 당질 0.5~1%, 무기질 0.8~2%로 구성되어 있다. 탄수화물은 대체로 1% 이하로 낮은 편이나 갑각류, 조개류의 근육에는 글리코겐이 3~5% 정도 더 많이 함유되어 있다. 단백질은 어류에 17~25%, 오징어, 낙지 등의 연체류에 13~17%, 조개류에 7~10%가 함유되어 있다. 생선은 산란 후에는 지방과 단백질 함량이 줄고 수분함량이 많아져서 맛이 다소 떨어진다. 등 푸른 생선은 오메가-3 지방산인 DHA(docosahexaenoic acid)와 EPA(eicosapentaenoic acid) 등의 불포화지방산을 다량 함유하고 있다. DHA는 혈중 콜레스테롤 저하, 고지혈증 개선, 항암, 혈압 저하, 면역 강화, 뇌 활성화 등에 효과가 있고, EPA는 중추신경계 개선, 항암, 고지혈증 개선, 혈소판 응집 억제작용, 기억력과 학습능력을 향상시킨다. 또한, 어류는 비타민 A의 좋은 급원이며, 특히 어유와 간유는 비타민 A와 D의 우수한 급원으로 연체류, 갑각류, 조개류보다 비타민 B_1, 비타민 B_2, 니아신(niacin)이 풍부하다.

3. 어패류의 특징

1) 어패류의 색소

어패류의 색소는 헤모글로빈(hemoglobin), 미오글로빈(myoglobin), 사이토크롬(cytochrome)의 수용성 색소단백질과 지용성의 카로티노이드(carotinoid)로 분류된다. 일반적으로 어육 색소는 미오글로빈이 대부분이며 붉은살 생선은 색소 단백질을 함유하고 있다. 갑각류의 붉은색은 아스타잔틴, 노란색은 루테인(lutein)이고, 오징어의 먹물은 멜라닌(melanin) 색소를 가지고 있다.

2) 어패류의 맛 성분

어패류의 맛 성분에는 유리 아미노산, 펩타이드(peptide), 뉴클레오펩타이드(nucleopeptide), 염기류 및 유기산 등이 있다. 흰살생선보다 붉은살 생선이 더 깊은 맛을 내는 것은 지방성분을 포함한 맛 성분을 많이 함유했기 때문이다. 오징어, 낙지, 새우 등에는 타우린(taurine)과 베타인(betaine)이 함유되어 있어 특유의 단맛과 구수한 맛이 나고, 조개류는 호박산(succinicacid)이 함유되어 있어 국물이 시원하고 독특한 감칠맛이 난다.

3) 어패류의 냄새

어패류의 비린 냄새는 트리메틸아민산화물(trimathylamine oxide, TMAO)에 의한 것으로, 담수어보다 해수어가 더 많이 함유하고 있다. 해수어는 사후 시간이 경과하면 생선의 표피, 아가미, 내장의 세균 효소에 의해 트리메틸아민산화물(TMAO)이 환원되어 트리메틸아민(trimethylamine, TMA)을 생성하여 불쾌취가 나게 된다. 반면 담수어의 불쾌한 냄새는 리신(lysine)에서 생성된 피페리딘(piperidine)에 의한 것이다.

4. 어류의 사후경직과 자가소화

어육의 경직은 사후 1~7시간에 시작되어 5~22시간 지속된다. 붉은살 생선이 흰살생선보다 사후경직이 빨리 시작되고 경직시간도 짧다. 그 후 경직이 서서히 풀리면서 어육이 연화된다(〈그림 13-1〉 참고).

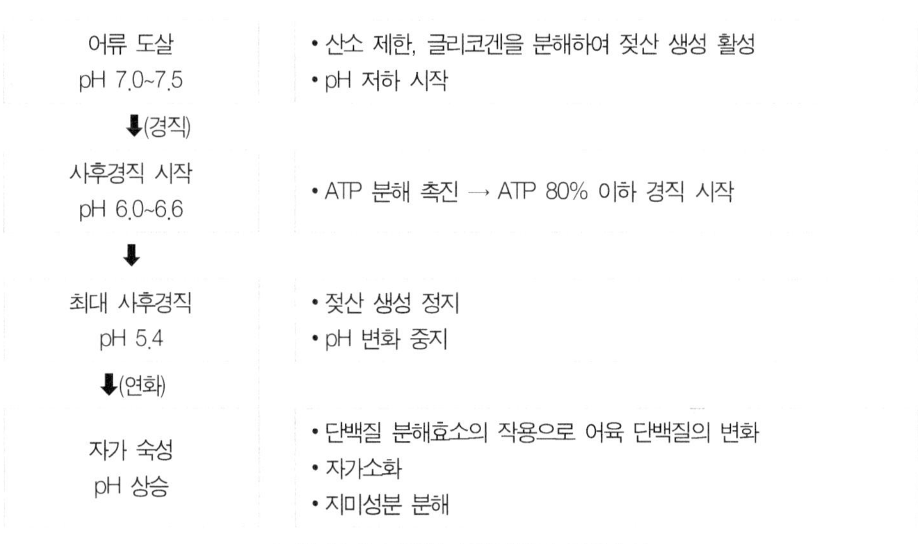

[그림 13-1] 어류의 사후경직과 자가숙성

5. 어패류의 조리

어패류는 결체조직이 적어 육류 및 가금류 대비 조리시간이 짧은 편으로 조리 시 비린내 제거와 가열조리 과정에서 질겨지지 않도록 주의해야 한다.

1) 어패류 조리의 특성

① 소금에 의한 변화: 어육에 2~6%의 소금을 첨가하면 염용성 단백질인 미오신, 액틴이 용출하고, 결합하여 액토미오신을 형성하면서 점탄성이 생긴다. 어묵이 이러한 원리를 이용하여 만들어졌다.

② 식초에 의한 변화: 어육 단백질 변성에 의해 근육이 응고되고 단단해져 탄력성을 갖게 된다.

③ 가열에 의한 변화: 가열 시 근육 단백질이 응고되면서 콜라겐이 수축되고 젤라틴으로 변해 용출된다. 오징어가 둥글게 말리는 것은 콜라겐이 젤라틴화되면서 수축되어 나타나는 현상이다.

④ 열 응착성: 석쇠, 프라이팬에 구울 때 미오겐 결합이 끊어져 금속과 반응하여 표면에 달라붙는 현상이다.

2) 어류 비린내 제거방법

어취는 어체의 근육 중 수분과 혈액 중에 존재하며, 불쾌취는 Trimethylamine(TMA)의 함량과 비례하므로 아래와 같은 방법을 통해 비린내를 제거할 수 있다.

① 물로 씻기: 수용성인 TMA와 암모니아 냄새를 제거할 수 있다.

② 산(식초, 레몬즙 등) 첨가: 알칼리성인 TMA에 산이 결합하여 비린내를 제거해 준다.

③ 알코올(정종, 포도주 등) 첨가: 비린내가 알코올과 함께 날아가면서 제거된다.

④ 단백질 용액 이용(우유): 우유 단백질인 Casein이 TMA를 흡착시켜 비린내가 제거된다.

⑤ 향미채소와 향신료 첨가: 알리신(마늘), 진저론(생강), 피페린(후추), 캡사이신(고추) 등이 혀 미뢰세포의 감각을 둔화시켜 비린맛의 감지를 떨어뜨린다.

⑥ 장류(간장, 된장, 고추장) 첨가: 염분이 어육 속 TMA를 용출시켜 가열 시 비린내를 휘발시키고, 강한 향미가 어취를 둔화시킨다.

Ⅱ. 실험실습

[실험 13-1] 첨가물이 어육제품에 미치는 영향_어묵

실험일: 년 월 일

• 실험목적

- 생선살은 으깨어 갈아주면 탄력성과 보형성이 생긴다. 어묵을 만들 때 첨가되는 전분, 식용유의 영향에 대하여 알아보고 탄력성, 경도, 단면, 맛, 씹힘성 등의 관능 특성을 비교하여 그 차이를 알아본다.

어묵

• key word : 어묵의 원리

• 실험재료 및 기구

실험재료				
어육	흰살생선살	400g(100g×4)	맛소금	4g(1g×4)
	오징어, 새우살	각 80g(20g×4)	해물다시다	4g(1g×4)
전분		90g(15g, 30g, 45g)	설탕	12g(3g×4)
밀가루		90g(15g, 30g, 45g)	맛술	12g(3g×4)
생강가루		3g(0.7g×4)	흰 후춧가루	1.2g(0.3g×4)
다진 마늘, 대파		28g(7g×4)		
조미료 2g(0.5×4), 참기름 4g(1g×4) 튀김기름 / 선택_부추 20g, 깻잎 2잎, 당근 10g, 청양고추(chop) 20g(5g×4)				
준비기구				
전자저울, 계량컵, 계량스푼, 냄비, 칼, 도마, 어레미, 스텐볼, 행주, 냄비, 체, 국자 등				

* 어묵전용 반죽제품 사용 시엔 전분, 밀가루, 양념의 양을 50%로 줄일 것

• 실험내용/방법_어묵

1. 양념 혼합: 생강, 다진 파, 다진 마늘, 맛소금, 다시다, 설탕, 맛술, 후추, 참기름, 조미료는 한 용기에 계량 및 믹싱하여 동일하게 4등분해 둔다.
2. 어육 다지기: 생선살, 오징어살, 새우살은 다지거나 한꺼번에 넣고 갈아준 다음 4등분으로 계량한다. (생선살은 완전히 갈되 오징어, 새우살은 식감이 있도록 작은 입자로 준비해도 좋음)

3. 다음 시료 네 가지를 각각 점성이 나도록 약 5분간 치댄다.
   시료A : 어육 120g + 전분 45g + 양념 1/4
   시료B : 어육 120g + 밀가루 45g + 양념 1/4
   시료C : 어육 120g + 전분 10g + 밀가루 35g + 양념 1/4
   시료D : 어육 120g + 전분 35g + 밀가루 10g + 양념 1/4
4. 반죽상태를 비교한 후 같은 크기의 둥근형 또는 막대형으로 만들어준다.
5. 튀기기: 온도 170℃에서 5분 정도 튀긴다. (온도가 너무 높으면 속이 익지 않고 색이 진해지므로 유의)

- 과정사진

- 실험결과

항목 \ 시료		A	B	C	D
가열 전	반죽무게				
	점착성/끈기				

항목 \ 시료		A	B	C	D
가열 후	탄력성				
	경도				
	단면				
	색				
	맛				
	씹힘성				

- 고찰
  - 어묵 제조에 적합한 생선의 종류를 알아본다.
  - 어묵의 제조원리에 대하여 알아본다.

♠ 실험재료를 이용한 요리실습_어묵탕

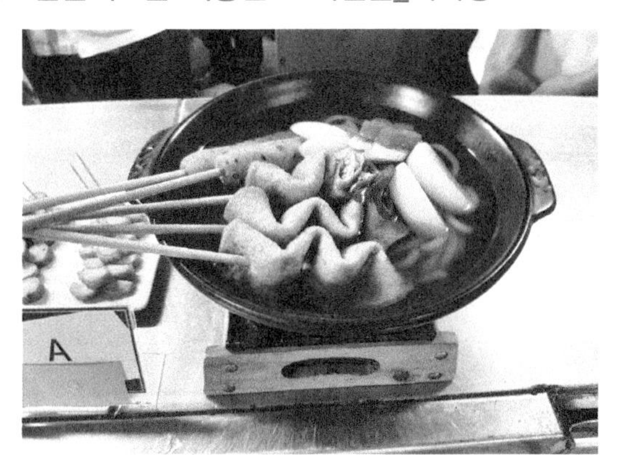

▷ 어묵탕

두부전 재료
육수재료 다시마(5×5cm) 2장, 건새우 10g, 다시멸치 20g, 무 50g, 양파 1개, 청양건고추(태국고추) 1개, 조미료 1/3작은술, 물 2리터, 까나리(멸치)액젓 1큰술, 소금 · 후춧가루 · 마늘 1tsp *와사비소스: 간장 2Tbsp, 육수 2Tbsp, 와사비 10g *어묵, 꼬치(25cm 내외)

준비기구
볼, 냄비, 체, 칼, 도마, 탕기, 국자, 수저 등

1. 찬물에 육수재료를 넣고 끓이다가 10분 후 다시마는 건져낸 다음 10여 분간 더 끓여 걸러준다.
2. 1에 액젓, 소금, 후추, 마늘로 간과 맛을 조절한다(조미료는 선택사항).
3. 오뎅을 꼬치에 꽂아 익힌다.

[실험 13-2] 어패류의 조림온도와 시간에 따른 관능적 특성 비교_오징어조림

실험일: 년 월 일

- 실험목적
  - 오징어의 조림온도와 시간을 달리 한 실험군의 조리 전후 크기를 비교한다.
  - 또한 조리방법에 다른 탄력성, 경도, 맛, 씹힘성의 차이를 알아본다.

오징어조림

- key word : 해물조림의 원리

- 실험재료 및 기구

실험재료			
오징어(크기 동일)	2마리(1마리 × 2)	파	10cm(5cm × 2)
-조림장 재료-		태국고추	4개(2개 × 2)
진간장	6Tbsp(3큰술 × 2)	물엿	2Tbsp(1큰술 × 2)
설탕	2Tbsp(1큰술 × 2)	통후추	2/3tsp(1/3tsp × 2)
미림	2Tbsp(1큰술 × 2)	물	각 2컵
마늘	2톨(1톨 × 2)		
준비기구			
자, 전자저울, 계량컵, 계량스푼, 냄비, 칼, 도마, 어레미, 스텐볼, 행주, 냄비, 체, 국자 등			

- 실험내용/방법_오징어조림
  1. 크기가 같은 오징어 두 마리의 내장을 제거한 후 물기를 제거한다.
  2. 오징어를 시료A와 시료B로 나누고 무게, 길이(몸통 길이, 다리 길이)를 기록한다.
  3. 냄비 두 곳에 조림장 재료를 각각 넣고 중불에서 가열한다.
  4. 시료A용 조림장은 1/3컵이 남도록 가열하여 체로 걸러 다시 냄비에 담는다. 시료B용 조림장은 1컵 남도록 조려 체로 걸러 다시 냄비에 담는다.

5. 4의 냄비에 각각 오징어 넣고 시료A용은 약불에서, 시료B용은 센 불에서 국물이 2큰술 남도록 조려 낸다.
6. 완성품을 10분간 식혀 길이와 무게를 측정한 후 썰어 질감, 씹힘성, 전반적 기호성 등을 분석한다.

- 실험결과

항목 \ 시료		A	B
가열 전	무게 (손질 후)		
	길이		
가열 후	무게 (손질 후)		
	길이		
	탄력성		
	경도		
	씹힘성		
	전반적 기호도		

- 고찰
  - 육류와 어패류 조림방법의 차이를 알아본다.

  - 가열 온도와 시간이 어패류의 품질에 미치는 영향에 대하여 고찰해 본다.

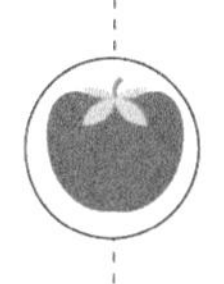

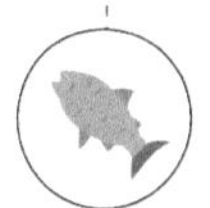

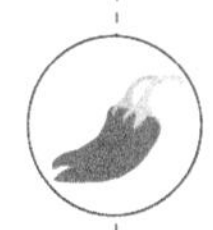

Chapter 14

분자요리

CHAPTER

분자요리

Ⅰ. 이론

1. 분자요리(과학+요리)의 특징

분자요리학(分子料理學, Molecular gastronomy)이란 음식의 조리과정과 식감, 맛에 영향을 미치는 요인들을 과학적으로 분석하고 독특한 맛과 식감 및 시각적 효과를 함께 창조해 내려는 일련의 학문을 뜻한다.

[그림 14-1] 분자요리의 이해

분자요리는 재료와 조리의 과정을 분자 단위로 보고 과학적으로 조리하는 것을 뜻한다(〈그림 14-1〉 참고). 재료의 분자 배열은 보통 굽고 조리고 익히는 과정에서 바뀌고, 고유의 맛과 향이 사라질 수 있으나, 분자요리는 원재료의 맛과 향을 가장 잘 전달하면서 재료를 예상할 수 없는 새로운 형태로 조리가 가능하다. 사람들에게 요리의 새로운 맛, 시각적 효과뿐만 아니라 도전, 상상의 즐거움을 함께 담아낸 요리이다.

2. 분자요리의 탄생

분자요리는 1988년 영국 옥스퍼드대 물리학자 니콜라스 커티(Nicolas Kurti)와 프랑스의 물리학자 에르베 티스(Herve This)가 국제 워크숍을 준비하던 중 요리의 물리, 화학적 측면에 적합한 이름을 짓는 과정에서 음식과 요리를 구성하는 기본 핵심단위를 분자로 보고 '분자물리 요리학(Molecular and Physical Gastronomy)'을 탄생시켰다. 이후 '분자물리 요리'에서 '분자 미식학'으로 이름이 바뀌었다.

TIP

♠ 2006년 요리사협회(Statement on the New Cookery)의 분자 미식학

1. 요리는 솔직함과 정직, 훌륭함이라는 3가지의 원칙을 지킨다.
2. 요리는 전통성이라는 가치를 중요시한다.
3. 새로운 재료와 기술, 기구, 정보, 생각을 바탕으로 한 혁신을 이용한다.
4. 요리는 잠재적 발전과 정보를 위해 협력과 나눔의 정신을 사람들에게 전달한다.

출처: 분자 미식학

3. 분자요리의 조리

1) 물리적 조리방법

(1) 탄산화기법(Carbonating)

드라이아이스가 물속에서 CO_2 기체로 변할 때 CO_2와 수분이 만나면 청량감을 주는 탄산이 형성되는 것을 이용한 원리이다.

(2) 수비드(진공저온조리법, Sous Vide Cooking)

완전 밀폐와 가열처리가 가능한 진공팩 속에 재료와 부가적인 시즈닝 등을 넣은 상태로 진공(vacuum)포장을 한 후 일반적인 조리온도보다 상대적으로 낮은 온도(60℃ 근처)에서 장시간 조리하여 맛과, 향, 수분, 질감, 영양소를 보존하며 조리하는 조리법이다. 재료에 대한 기본 지식과 치밀한 계산에 의한 정확한 온도, 균일한 열전달이 이루어질 수 있도록 해야 하며, 식중독균이 번식되지 않도록 주의가 필요하다. 육류는 조리온도에 따라 변화되는 단백질 변성의 원리에 따라 개발된 조리법이다. [그림 14-2]와 같이 육류의 단백질은 40℃에서 변성되고 50℃에서 섬유소가 수축되며 55℃에서는 미오신의 섬유 부분이 응고되고 콜라겐이 응고되기 시작하는 원리를 이용하여 57~65℃에서 장시간 가열하여 질긴 고기를 연하게 만들어준다. 재료 본연의 맛과 향을 좋게 하고, 익힘의 상태가 균일한 특징을 갖는다.

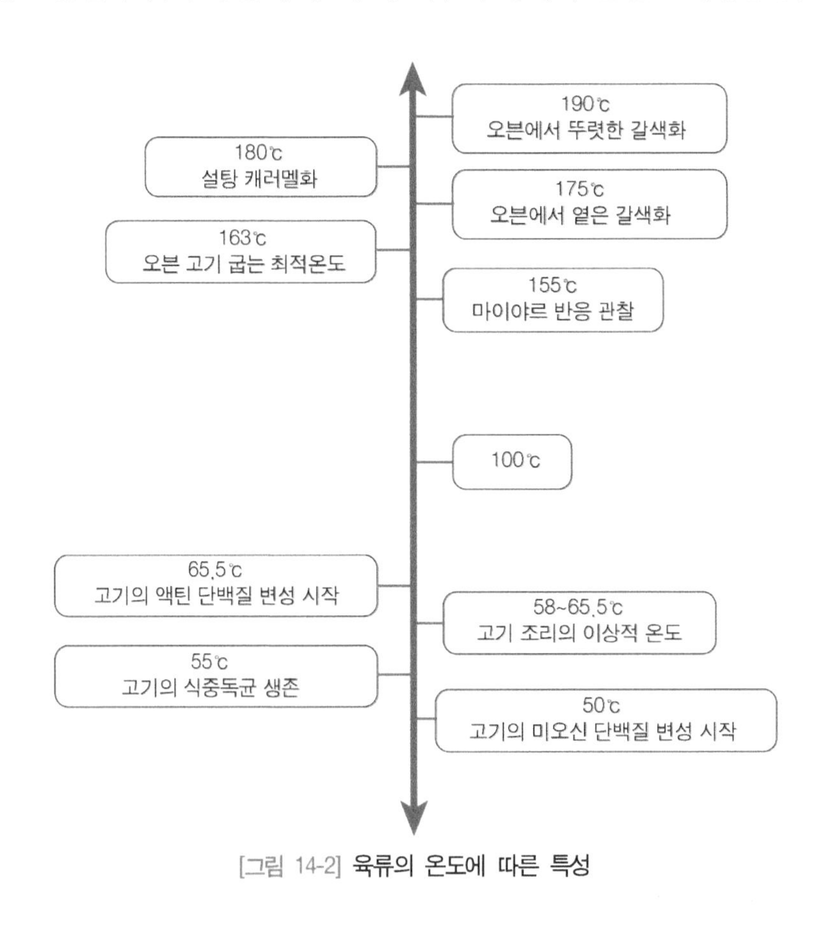

[그림 14-2] **육류의 온도에 따른 특성**

① 수비드 요리 시 육류별 최소온도 기준

식품은 65도에서 30분, 85도에서 15초, 100도에서 3초 이하로 조리하면 동일한 살균효과가 있다.

〈표 14-1〉 식품별 수비드 저온 기준

구분	부위별 수비드 적정 온도
소고기	- 일반적으로 58℃ 적합(Rare: 56℃/ midium: 58℃/ well done: 62℃)
닭	- 날개: 60℃(핏기 없는 정도 : 62℃) - 대량조리: 63℃(다리는 70℃)
돼지	- 70~72℃에서 저온살균 후 조리 적합 - 부위별 수비드 온도(삼겹살: 66℃, 등쪽 갈비: 64℃, 목살: 68℃, 안심: 58℃, 그 외 부위: 66℃)
생선	- 참치: 45℃, 연어: 45℃ - 생선살 완전히 익는 온도는 54℃(뼈 부분은 약간 설익는다.) - 뼈까지 다 익는 온도는 57℃(수분 빠지고, 살이 단단해짐)

② 수비드의 장점

가. 맛, 형태, 육즙을 보존해 주며 부드러운 질감을 부여해 준다.

나. 고온 조리 시 발생할 수 있는 영양소의 손실을 최소화해 준다.

다. 바쁜 영업시간에 진공팩만 뜯어 시어링하거나 토치질만으로 요리의 빠른 서브가 가능하다.

라. 대량 준비가 용이하다.

마. 진공포장의 특성으로 보존기간이 향상된다.

③ 수비드의 단점

가. 저온에서 조리하니 조리시간이 매우 길다.

나. 즉석조리가 불가능하여 비상 상황 시 대처가 어렵다.

다. 완성도가 낮아 팬 또는 오븐에서 2차적 searing이 필요하다.

라. 장비 비용이 많이 들고 고장 시 수리 등에 대한 부담이 있다.

마. 진공을 해야 하므로 진공팩에 대한 비용, 환경오염이 발생된다.

2) 화학적 조리방법

(1) 구체화(Specification)기법

분자요리의 대표적 기법으로 액체재료나 주스에 알긴산나트륨을 섞어 염화칼슘 수용액에 떨어뜨려 원 모양으로 만드는 방법이다. 그 외의 식품 첨가물로는 산탄검(xanthan gum), 시트러스(citrus), 글루코스(glucose) 등이 있다. 산탄검은 검은 옥수수를 발효해서 만든 것으로 일종의 점성제 역할을 하고, 시트러스는 감귤류에서 추출되며 야채와 과일의 갈변을 방지한다. 글루코스는 설탕의 재결정화를 늦추고 수분감소를 억제하는 작용을 위해 첨가된다. 구체화를 이용해 조리에 캐비아 이미지를 구현하거나 과즙, 양념이 들어 있는 구를 만들어 활용하는 등 응용의 폭이 점점 넓어지고 있다.

(2) 거품추출법(Foam abstract presentation)

거품추출법은 이산화질소나 유화제 또는 계면활성제가 들어 있는 고압통에 재료를 넣어 거품 소스를 만들어내는 방식이다. 거품은 액체나 고체 속에서 방울이나 기체 형태로 구성되어 혼합된 상태로, 분자요리 용어로 폼(foam)이라 한다. 주로 레시틴(lecithin)을 첨가하여 거품을 형성하는데 레시틴은 거품 생성과 함께 구성시간도 연장시켜 준다. 그 외 질소, 소토버블(Soto bubble), 맥스폼(Max foam), 로저윕(Roger Whip), 버샤윕(Versa Whip) 등을 이용해서 거품을 생성한다.

(3) 젤리화(Gelification)기법

과일의 펙틴과 해초류의 한천 및 젤라틴 등을 이용한 젤리화 요리가 오래전부터 전해 내려오고 있다. 분자요리에서는 카라기난(carrageenan), 아가(agar), 메틸 분말 제품 등의 겔화제를 이용해서 젤리화하여 견고성과 탄력성을 높였다. 아가(agar)와 물, 초콜릿을 넣고 잘 믹싱한 후 냉장고에 약 5~10분 두면 초콜릿파우더 국수를 표현할 수 있다.

(4) 유화(Emulsification)기법

유화를 이용한 기법은 마요네즈와 퐁듀(fondue) 등이 대표적인 전통요리로, 에멀전(emulsion)상태를 유지하고 있다. 분자요리에서는 기름방울과 물분자의 중간에 존재하는 계면활성제 분자들에 의하여 안정을 유지하는 특성을 이용하여 유화를 한다. 레시틴(lecithin)과 글리세린 플레이크(glycerin flake), 수크로스(sucrose) 등을 첨가한다.

(5) 농밀(Densification)기법

오래전부터 루(roux)를 이용한 요리기법으로 수프나 소스에서 많이 사용하였으며, 음식의 끝맛에 영향을 준다. 분자요리에서는 산탄검과 타피오카(tapioca) 전분을 최소한으로 사용하면서 음식의 마지막 맛에 영향을 주지 않도록 하고 있다.

4. 분자요리의 주방기구

진공조리 시스템(Sous Vide Cooking system), 레이저, 극세 분세기(Picojet), 조리용 주사기와 피펫, 테르모믹스(Termomix), 휘핑기, 사이펀, 게스트로박(Gastrovac : 진공솥), 증류기(Rotary Evaporator), 분리형 깔때기, 균질기(Homogenizer), 슈퍼포장지(Pastic paper), 스모킹건(Smoking gun), 원심분리기(Centrifuge), 실크스크린(Silk Screen), 동결건조기 등 다양한 주방기구를 이용하고 있다.

5. 분자요리의 단점

① 시각적 효과에만 집중되어 영양적, 위생적 요리 가치가 부족하다. 분자요리 식당에서 조리한 음식을 먹고 집단 식중독을 일으킨 사례, 식품 첨가물과 화학물질 첨가가 인체에 유해한지 등 인간의 건강에 유해한지의 여부에 대한 연구가 분자요리와 함께 진행되어야 한다.

② 고가의 장비와 인건비 등 운영비용이 많이 든다. 국내 호텔과 레스토랑, 교육기관에서 분자 미식학의 연구자가 부족하고, 외국의 유명 Chef 초청 및 재료구입 등의 어려움이 있다.

③ 초기보다 분자요리가 발전은 했으나 아직은 인력, 장비, 재료 구입 등이 부족한 실정이다. 정확한 분자요리를 창조하기 위해서는 정확한 계량과 온도 등의 매뉴얼(manual) 및 교육기관과 운영인력이 필요하다.

④ 분자요리 레스토랑의 대부분은 코스 메뉴로 구성되어 있으므로 질적, 양적, 가격적 문제가 해결되어야 한다.

Ⅱ. 실험실습

[실험 14-1] 알긴산과 칼슘이온의 반응을 이용한 겔 응고성 관찰_구체화

실험일: 년 월 일

• 실험목적

- 분자 미식학이란 식재료에 대한 이해를 바탕으로 과학적으로 접근하고 혁신적인 기술을 이용하여 개발된 새로운 맛과 질감이 조화를 이룬 요리라고 할 수 있다.
- 분자 미식학의 대표적 방법인 Spherification(구체화)기법을 이해하며 그 형성과정을 관찰하고 질감과 조직감에 대해 고찰한다. 또한 결과물을 조리에 적용하여 완성해 본다.

• key word : molecular gastronomy(분자요리), sphecification(구체화)기법

• 실험재료 및 기구

실험재료			
알긴산	5g	콜라	100mL
염화칼슘	10g	토마토주스	100mL
망고주스	100mL		
준비기구			
전자저울, 계량컵, 계량스푼, 온도계, 스포이드, 냄비, 고무주걱, 체, 핸드브랜드(또는 휘핑기/핸드믹서 등), 바트(또는 볼), 일반 조리도구			

• 실험방법/내용

1. 알긴산 페이스트

재료
알긴산 5g, 물 120mL
Method
1) 분량의 물에 알긴산을 넣어 핸드블렌더 또는 휘핑기로 섞어 풀처럼 걸쭉하게 휘핑한 후 냉장고에 넣어 30분 전후로 둔다. 2) 투명하게 수화되면 사용한다.

2. 칼슘 솔루션

재료
염화칼슘 10g, 물 400mL

Method
두 가지를 혼합해서 염화칼슘이 완전히 녹도록 저어준다.

3. 망고주스, 콜라, 토마토주스 등을 이용한 구체화: 캐비아 3종

재료
알긴산 페이스트 10g×3(여유분 준비: 농도 조절용 5g), 망고주스(또는 단호박 주스) 100mL, 콜라 100mL, 토마토주스 100mL, 칼슘 솔루션, 스포이드

Method

1) 망고액에 알긴산 페이스트를 넣고 잘 혼합시켜 준다(농도는 구체화 테스트 후 조절).
2) 용도에 맞추어 주사기나 스포이드로 칼슘 솔루션에 서서히 부어서 구체화(캐비아 형태, 노른자 등)한다.
3) 동일한 방법으로 콜라(+오징어먹물), 토마토주스도 혼합하여 주사기나 스포이드로 구체화하여 칼슘 솔루션에 떨어뜨려 캐비아를 완성한다.

* 구체화(spherification)기법은 고분자 다당류인 알긴산을 칼슘이온(ca^{2+})이 담긴 용액에 떨어뜨리면, 떨어진 알긴산 액체구 내부로 ca^{2+}이 신속히 확산되면서 구의 바깥쪽에서 안쪽으로 막을 형성하여 구슬형태를 만드는 것이다.

• 과정사진

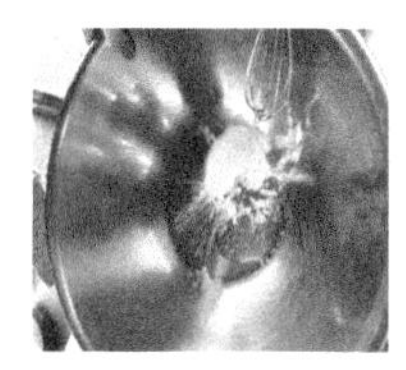

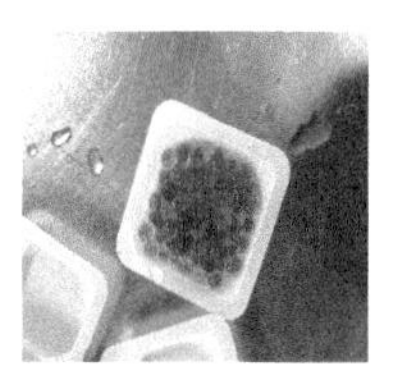

• 실험결과

관능평가	망고 스페리컬	콜라 스페리컬	토마토 스페리컬
외관*			
맛*			

관능평가	망고 스페리컬	콜라 스페리컬	토마토 스페리컬
질감*			
색*			
경도**			

*묘사법/ **순위법/ ***7점 척도법: 1-매우 싫다~7-매우 좋다

- 고찰
  - 현재 분자요리 이용현황을 조사해 보고 분자요리 조리에서의 이용방안을 모색한다.

[실험 14-2] 수비드기법을 이용한 요리의 연구_등심스테이크

실험일: 년 월 일

- 실험목적
  - 수비드기법이 무엇인지 연구하고 수비드기법을 이용한 요리의 실습을 통해 수비드의 장단점에 대하여 익힌다.
  - 또한 기존 스테이크 조리법과 수비드기법을 이용한 스테이크의 장단점에 대하여 고찰한다.

등심스테이크

- key word : 수비드기법

- 실험재료 및 기구

실험재료			
쇠고기 등심(2cm)	130g*3	후추	0.5g
생크림	20mL	타임	0.5g
데미글라스 소스	200mL	올리브유	2T
양파	30g	가니쉬	아스파라거스, 버섯, 당근, 김치 등
소금	2g		
준비기구			
전자저울, 계량컵, 계량스푼, 온도계, 고무주걱, 수비드 기기, 진공기기, 진공팩, 일반 조리도구			

- 실험방법/내용
  1. 쇠고기는 약 2cm 두께의 스테이크형으로 준비하여 소금, 후추로 각각 간을 한다.
  2. 진공팩에 고기, 소금, 후추, 올리브 오일, 타임을 입혀 진공한다.
  3. 수비드 기기에 58℃로 하여 2시간 30분 전후로 익힌다.

*수비드 기기가 2개 이상일 경우는 온도와 시간을 달리하여(65℃/1시간 30분, 70℃/1시간) 진행

4. 소스 만들기 : 물 150cc(또는 치킨육수)에 데미글라스 소스, 양파채 넣고 끓으면 소금, 후추, 생크림을 넣는다. 이후 체에 내린다.
5. 가니쉬 만들기 : 아스파라거스, 버섯, 당근, 건조 김치 등을 활용한다.
6. 시식 직전에 고기를 달군 팬에 15초 정도씩 시어링(searing)한다.

• 과정사진

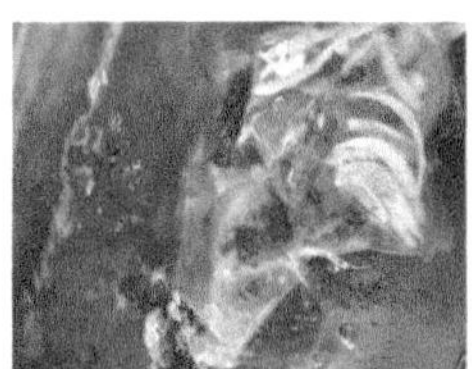
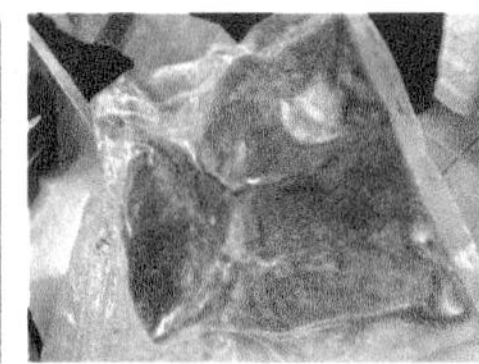

• 실험결과

관능평가		
외관*		
맛*		
질감*		
색*		
경도**		

* 묘사법/ **순위법/ ***7점 척도법: 1-매우 싫다~7-매우 좋다

• 고찰

- 현재 분자요리 이용현황을 조사해 보고 조리에서의 분자요리 이용방안을 모색한다.

참고문헌

김광옥 외(2004), 관능검사 방법 및 응용, 신광출판사
김명식(2016), 찹쌀 및 멥쌀가루 첨가에 따른 생면의 품질특성 및 기호도 증진 연구
김우정 외(2001), 식품관능검사법, 효일출판사
김향숙 · 안승요(1997), 아밀로오스와 아밀로펙틴이 묵의 텍스쳐에 미치는 영향, 한국생활과학회지, 6(2): 165.
김형렬(2017), 조리사를 위한 실험조리 이론 및 실습, 대왕사
농촌진흥청 · 국립농업과학원(2021), 국가표준식품성분표, 제10개정판
손정우 · 송태희 · 신승미 · 오세인 · 우인애, 조리과학, ㈜교문사
송태희 외, 이해하기 쉬운 조리과학, ㈜교문사
식품과학기술대사전
안기정 · 최은희 · 고승혜(2021), (식품 조리 전공자를 위한) 조리원리 & 실험조리, 지식인
안선정 · 김은미 · 이은정, 새로운 감각으로 새로 쓴 조리원리, 백산출판사
우인애 외(2016), 한눈에 보이는 실험조리, 3판, 교문사
이승희(2002), "수침된 쌀의 건조상태에 따른 쌀가루와 전분의 특성", 전남대학교 대학원 석사학위논문
임승택(1997), 식품기술: 식품에 의용되는 변성전분
정복미 · 정난희 · 안정희 · 김미혜 · 백재희(2023), 실험조리, 2판, 창지사
정재홍 · 김종현 · 김현영 외(2022), 식품조리원리, 광문각
조경련 · 조신호 · 김영순 외, Flow Chart와 함께하는 실험조리과학, 교문사
조영 · 김영아 공저(2010), 조리과학, 한국방송통신대학교출판부, 37쪽
최낙언(2016), 맛이란 무엇인가, 예문당
하대중 · 황수영, 조리원리의 이해, 대왕사
함동철(2019), 창작조리를 위한 분자요리, 지구문화사

헬스조선(https://health.chosun.com/site/data/html_dir/2022/11/14/2022111401788.html)
황인건 외(2019), 식품품질관리와 관능검사, 교문사
Margaret Williams, 신말식 외 옮김(2021), 식품과 조리과학, 라이프사이언스
간호학대사전(https://terms.naver.com/entry.naver?docId=498253&cid=50366&categoryId=50366)
농사로(www.nongsaro.go.kr)
대한양계협회(http://www.poultry.or.kr/)
수비드 요리(http://www.seehint.com/print.asp?no=12754)
영양학사전(https://terms.naver.com/entry.naver?docId=369253&cid=50305&categoryId=50305)
한경 경제용어사전(http://dic.hankyung.com)
한국산업인력공단(www.hrdkorea.or.kr)
https://it.chosun.com/site/data/html_dir/2022/01/21/2022012101773.html
http://www.seehint.com/print.asp?no=13876(튀김의 기술)

저자약력

김성아

e-mail: herb5000@hanmail.net

- 상명대학교 이학박사
- 우송대학교 외식조리학부 교수
- 조리기능장, 영양사 외 관련자격증 16종

이인숙

- 을지대학교 이학박사
- 우송대학교 외식조리학부 교수

민경천

- 상명대학교 이학박사
- 한국관광대학교 호텔조리과 교수
- 국가공인 조리기능장

저자와의
합의하에
인지첩부
생략

조리과학 실험실습

2024년 1월 25일 초판 1쇄 인쇄
2024년 1월 30일 초판 1쇄 발행

지은이 김성아 · 이인숙 · 민경천
펴낸이 진욱상
펴낸곳 (주)백산출판사
교 정 성인숙
본문디자인 오행복
표지디자인 오정은

등 록 2017년 5월 29일 제406-2017-000058호
주 소 경기도 파주시 회동길 370(백산빌딩 3층)
전 화 02-914-1621(代)
팩 스 031-955-9911
이메일 edit@ibaeksan.kr
홈페이지 www.ibaeksan.kr

ISBN 979-11-6567-774-9 93590
값 26,000원